ニュートン超《ちょう》図《ず》解《かい》新《しん》書《しょ》

最《さい》強《きょう》に面《おも》白《しろ》い

相《そう》対《たい》性《せい》理《り》論《ろん》

はじめに

「時間《じかん》と空間《くうかん》は，長《なが》くなったり短《みじか》くなったりする」。こんな話《はなし》を聞《き》いて，信《しん》じられるでしょうか。これは，天才物理学者《てんさいぶつりがくしゃ》のアルバート・アインシュタインがとなえた，相対性理論《そうたいせいりろん》の考《かんが》え方《かた》です。相対性理論《そうたいせいりろん》によると，1秒《びょう》や1メートルの長《なが》さは，立場《たちば》や状況《じょうきょう》によってかわってしまうといいます。

アインシュタインが「特殊相対性理論《とくしゅそうたいせいりろん》」を発表《はっぴょう》したのは，1905年《ねん》のことです。特殊相対性理論《とくしゅそうたいせいりろん》は，時間《じかん》と空《くう》間《かん》の新理論《しんりろん》でした。さらにその10年後《ねんご》，アインシュタインは，理論《りろん》を発展《はってん》させて「一般相対性理論《いっぱんそうたいせいりろん》」を発表《はっぴょう》しました。一般相対性理論《いっぱんそうたいせいりろん》は，重力《じゅうりょく》の新理論《しんりろん》です。相対《そうたい》性理論《せいりろん》は，常識《じょうしき》を根底《こんてい》からくつがえす，世紀《せいき》の大理論《だいりろん》となりました。

本書《ほんしょ》は，相対性理論《そうたいせいりろん》を，ゼロから学《まな》べる1冊《さつ》です。“最強《さいきょう》に”面白《おもしろ》い話題《わだい》をたくさんそろえましたので，どなたでも楽《たの》しく読《よ》み進《すす》めることができます。相対性理論《そうたいせいりろん》の世界《せかい》を，どうぞお楽《たの》しみください！

ニュートン超図解新書《ちょうずかいしんしょ》

最強《さいきょう》に面白《おもしろ》い

相対性理論《そうたいせいりろん》

イントロダクション

第《だい》1章《しょう》
相対性理論《そうたいせいりろん》の基本《きほん》，光《ひかり》の速《はや》さを知《し》る

第《だい》2章《しょう》 特殊相対性理論《とくしゅそうたいせいりろん》：時間《じかん》と空間《くうかん》の新理論《しんりろん》

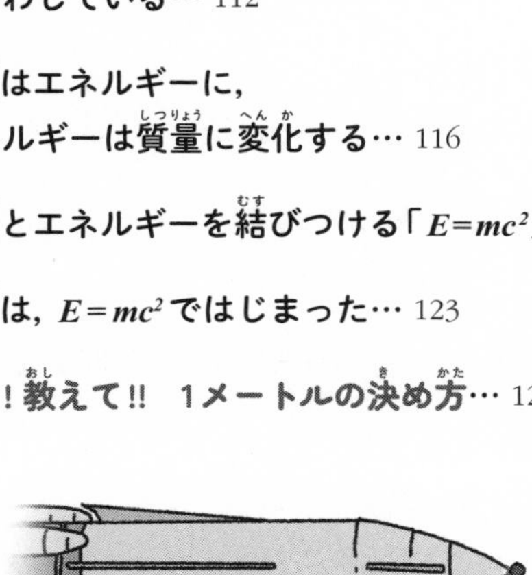

第《だい》3章《しょう》
一般相対性理論《いっぱんそうたいせいりろん》：重力《じゅうりょく》の新理論《しんりろん》

第《だい》4章《しょう》
相対性理論《そうたいせいりろん》と現代物理学《げんだいぶつりがく》

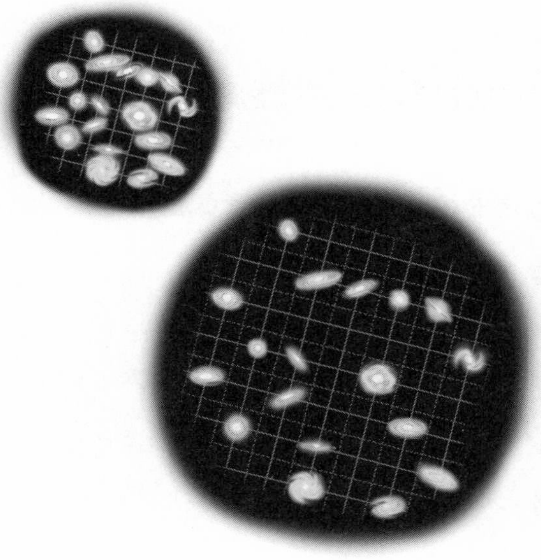

【本書《ほんしょ》の主《おも》な登場人物《とうじょうじんぶつ》】

アルバート・アインシュタイン
（1879 ～ 1955）
ドイツ生《う》まれの物理学者《ぶつりがくしゃ》。1905年《ねん》に「特殊相対性理論《とくしゅそうたいせいりろん》」，1915年《ねん》に「一般相対性理論《いっぱんそうたいせいりろん》」を発表《はっぴょう》。1921年《ねん》，「光電効果《こうでんこうか》の法則《ほうそく》の発見《はっけん》」でノーベル物理学賞《ぶつりがくしょう》を受賞《じゅしょう》した。

中学生《ちゅうがくせい》

イカ

イントロダクション

相対性理論《そうたいせいりろん》は，それまでの物理学《ぶつりがく》を根底《こんてい》からくつがえした革新的《かくしんてき》な理論《りろん》です。相対性《そうたいせい》理論《りろん》とは，いったいどういった理論《りろん》なのでしょうか。イントロダクションでは，相対《そうたい》性理論《せいりろん》を簡単《かんたん》に紹介《しょうかい》します。

1 アインシュタインの疑問《ぎもん》から はじまった相対性理論《そうたいせいりろん》

「光《ひかり》の速《はや》さで飛《と》んだら，顔《かお》は鏡《かがみ》に映《うつ》るのか」

相対性理論《そうたいせいりろん》は，天才物理学者《てんさいぶつりがくしゃ》のアルバート・アインシュタイン（1879～1955）がとなえた理論《りろん》です。そのはじまりは，アインシュタインが16歳《さい》のときに抱《いだ》いた次《つぎ》の疑問《ぎもん》でした。

「もし自分《じぶん》が光《ひかり》の速《はや》さで飛《と》んだら，顔《かお》は鏡《かがみ》に映《うつ》るのだろうか？」。

顔《かお》が鏡《かがみ》に映《うつ》るには，顔《かお》から出《で》た光《ひかり》が鏡《かがみ》に達《たっ》し，反射《はんしゃ》して自分《じぶん》の眼《め》にもどってくる必要《ひつよう》があります。もし自分《じぶん》が光《ひかり》と同《おな》じ速《はや》さで動《うご》いていたら，光《ひかり》は鏡《かがみ》に届《とど》かないのではないでしょうか？

1 アインシュタインの疑問《ぎもん》

鏡《かがみ》を持《も》ちながら光《ひかり》と同《おな》じ速《はや》さで飛《と》んだら，鏡《かがみ》に自《じ》分《ぶん》の顔《かお》は映《うつ》るでしょうか。アインシュタインが抱《いだ》いたこの疑問《ぎもん》が，やがて相対性理論《そうたいせいりろん》につながっていきます。

音波《おんぱ》は音速《おんそく》で飛《と》ぶ旅客機《りょかくき》の前《まえ》に出《で》られない

　音速《おんそく》で飛《と》ぶ旅客機《りょかくき》の場合《ばあい》で考《かんが》えてみましょう。音《おと》は止《と》まった空気《くうき》に対《たい》して秒速約《びょうそくやく》340メートルで進《すす》みます。音速《おんそく》で飛《と》ぶ旅客機《りょかくき》も，止《と》まった空気《くうき》に対《たい》して秒速約《びょうそくやく》340メートルで飛《と》びます。ですから音速《おんそく》で飛《と》ぶ旅客機《りょかくき》の先端《せんたん》から音波《おんぱ》を出《だ》した場《ば》合《あい》，旅客機《りょかくき》から見《み》ると音波《おんぱ》の速《はや》さは差《さ》し引《ひ》きでゼロになり，音波《おんぱ》は旅客機《りょかくき》の前《まえ》に出《で》られないのです。

　もし光《ひかり》が音《おと》と同《おな》じ性質《せいしつ》なら，光速《こうそく》で進《すす》む顔《かお》から出《で》た光《ひかり》は，あたかも止《と》まったように見《み》え，鏡《かがみ》に届《とど》かないでしょう。しかしアインシュタインは，「止《と》まった光《ひかり》」などありえないと考《かんが》え，悩《なや》みました。

　この疑問《ぎもん》が，やがて相対性理論《そうたいせいりろん》へとつながっていったのです。

2 特殊相対性理論《とくしゅそうたいせいりろん》は，時間《じかん》と空間《くうかん》についての理論《りろん》

時間《じかん》や空間《くうかん》は相対的《そうたいてき》なもの

アインシュタインは，1905年《ねん》に「特殊相対性《とくしゅそうたいせい》理論《りろん》」を発表《はっぴょう》し，さらにその10年後《ねんご》に「一般相《いっぱんそう》対性理論《たいせいりろん》」を発表《はっぴょう》しました。

まずは，特殊相対性理論《とくしゅそうたいせいりろん》の概要《がいよう》を紹介《しょうかい》します。特殊相対性理論《とくしゅそうたいせいりろん》とは，時間《じかん》と空間《くうかん》についての理論《りろん》です。簡単《かんたん》にいうと，「時間《じかん》や空間《くうかん》の長《なが》さは，だれにとっても同《おな》じではなく，立場《たちば》によってかわる相対的《そうたいてき》なものだ」ということを明《あき》らかにした理論《りろん》です。

時間《じかん》の進《すす》み方《かた》が遅《おそ》くなり，空間《くうかん》が短《みじか》くなる

特殊相対性理論《とくしゅそうたいせいりろん》によると，高速《こうそく》で移動《いどう》する物体《ぶったい》の中《なか》では，時間《じかん》の進《すす》み方《かた》が遅《おそ》くなり，空間《くうかん》が短《みじか》くなります。

右《みぎ》のイラストを見《み》てください。宇宙空間《うちゅうくうかん》で静《せい》止《し》しているアリスから見《み》ると，高速《こうそく》で進《すす》む宇宙《うちゅう》船《せん》の中《なか》にいるボブのもったストップウォッチは，ゆっくり進《すす》んでいます。また，アリスから見《み》ると，ボブの体《からだ》を含《ふく》めた宇宙船内《うちゅうせんない》のあらゆる物《もの》の長《なが》さが進行方向《しんこうほうこう》にちぢんでいます。

特殊相対性理論《とくしゅそうたいせいりろん》によると，このような不思議《ふしぎ》な現象《げんしょう》がおきるというのです。

20世紀初頭《せいきしょとう》まで信《しん》じられていたニュートンの「絶対時間《ぜったいじかん》」,「絶対空間《ぜったいくうかん》」の考《かんが》え方《かた》は,「だれにとっても1秒《びょう》は1秒《びょう》, 1メートルは1メートル」というものだったイカ。

2 宇宙船内《うちゅうせんない》の時間《じかん》と空間《くうかん》◆

アリスから見《み》ると，宇宙船内《うちゅうせんない》の時間《じかん》はゆっくり進《すす》み，空間《くうかん》は縮《ちぢ》んで見《み》えます。一方《いっぽう》，ボブは，宇宙船《うちゅうせん》の中《なか》の時間《じかん》の遅《おく》れや，空間《くうかん》の縮《ちぢ》みを自覚《じかく》することはできません。

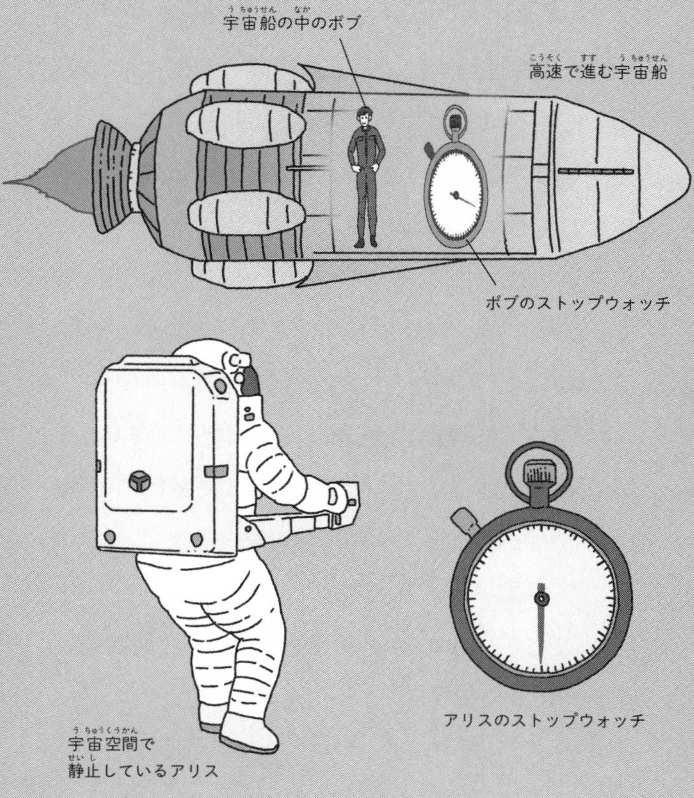

3 時間《じかん》と空間《くうかん》は，いっしょに変化《へんか》する

時間《じかん》と空間《くうかん》は，一体《いったい》のものである

特殊相対性理論《とくしゅそうたいせいりろん》によると，時間《じかん》と空間《くうかん》は，別々《べつべつ》に変化《へんか》するのではなく，いっしょに長《なが》くなったり短《みじか》くなったりします。たとえば，ボブが1メートルだと主張《しゅちょう》する物体《ぶったい》が，アリスから見《み》て1メートル未満《みまん》に縮《ちぢ》むとします。このときアリスから見《み》て，かならずボブのストップウォッチはゆっくり進《すす》みます。

特殊相対性理論《とくしゅそうたいせいりろん》の登場以降《とうじょういこう》，時間《じかん》と空間《くうかん》は一《いっ》体《たい》のものであるとみなされました。そして両者《りょうしゃ》はまとめて「時空《じくう》」や「時空連続体《じくうれんぞくたい》」とよばれるようになりました。私《わたし》たちの住《す》む世界《せかい》は，三《みっ》つの空間次元《くうかんじげん》と一《ひと》つの時間次元《じかんじげん》をもつ「4次元時空《じげんじくう》」だといえるのです。

3 時間《じかん》と空間《くうかん》はきりはなせない

右《みぎ》のストップウォッチは，左《ひだり》のストップウォッチよりもゆっくり進《すす》んでいます。つまり，時間《じかん》の流《なが》れが遅《おそ》くなっています。このときかならず，空間《くうかん》も縮《ちぢ》みます。

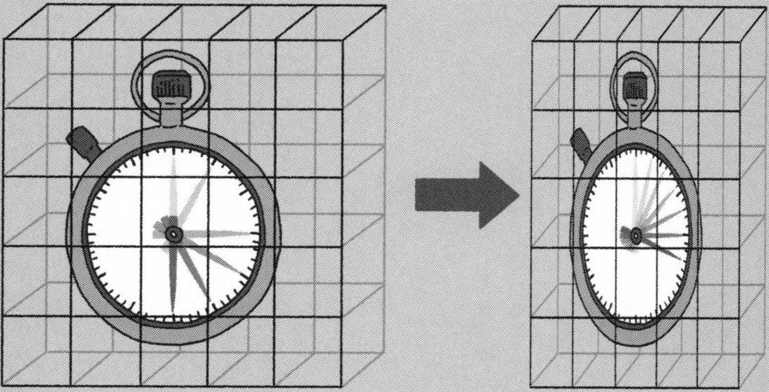

時間《じかん》の流《なが》れが遅《おそ》くなるとき，
空間《くうかん》（長《なが》さ）は縮《ちぢ》む

特定《とくてい》の条件《じょうけん》の下《もと》でしか使《つか》えない

特殊相対性理論《とくしゅそうたいせいりろん》の「特殊《とくしゅ》」は，特殊《とくしゅ》な状況《じょうきょう》でのみ使《つか》えるという意味《いみ》です。特殊相対性理論《とくしゅそうたいせいりろん》は，「重力《じゅうりょく》の影響《えいきょう》がない」「観測者《かんそくしゃ》が加速度運動《かそくどうんどう》していない」，という条件《じょうけん》の下《もと》でしか使《つか》えないのです。そこでアインシュタインは，特殊相対性理論《とくしゅそうたいせいりろん》を，より一般的《いっぱんてき》に通用《つうよう》する「一般相対性理論《いっぱんそうたいせいりろん》」に発展《はってん》させました。次《つぎ》のページでは，一般相対性理論《いっぱんそうたいせいりろん》についてみてみましょう。

一般相対性理論《いっぱんそうたいせいりろん》は，特殊相対性理論《とくしゅそうたいせいりろん》の特定《とくてい》の条件《じょうけん》をなくして，より一般的《いっぱんてき》な状況《じょうきょう》で使《つか》えるように発展《はってん》させた理《り》論《ろん》といえるんだイカ。

4 一般相対性《いっぱんそうたいせい》理論《りろん》は，時間《じかん》と空間《くうかん》そして重力《じゅうりょく》の理論《りろん》

重力《じゅうりょく》の正体《しょうたい》は，時空《じくう》のゆがみ

特殊相対性《とくしゅそうたいせい》理論《りろん》の発表《はっぴょう》から10年《ねん》後《ご》，アインシュタインが一般相対性《いっぱんそうたいせい》理論《りろん》で明《あき》らかにしたのは，重力《じゅうりょく》の正体《しょうたい》が「時空《じくう》のゆがみ」だということです。質量《しつりょう》をもつ物体《ぶったい》の周囲《しゅうい》では，時空《じくう》がゆがみ，光《ひかり》すらも進《すす》む方向《ほうこう》が曲《ま》げられます。

地球《ちきゅう》の周囲《しゅうい》の時空《じくう》は
ゆがんでいる

アインシュタインは，地球《ちきゅう》（質量《しつりょう》をもつ物体《ぶったい》）の周囲《しゅうい》の時空《じくう》（時間《じかん》と空間《くうかん》）はゆがんでいると考《かんが》えました。

ボールが地面《じめん》のくぼみに転《ころ》がり落《お》ちるように，時空《じくう》のゆがみの影響《えいきょう》を受《う》けてリンゴは地球《ちきゅう》に引《ひ》き寄《よ》せられます。重力《じゅうりょく》とは，時空《じくう》のゆがみの影《えい》響《きょう》のあらわれなのです。

一般相対性理論《いっぱんそうたいせいりろん》によると，時空《じくう》のゆがみは，物《ぶっ》体《たい》の質量《しつりょう》が大《おお》きいほど大《おお》きく，物体《ぶったい》に近《ちか》いほど大《おお》きくなります。

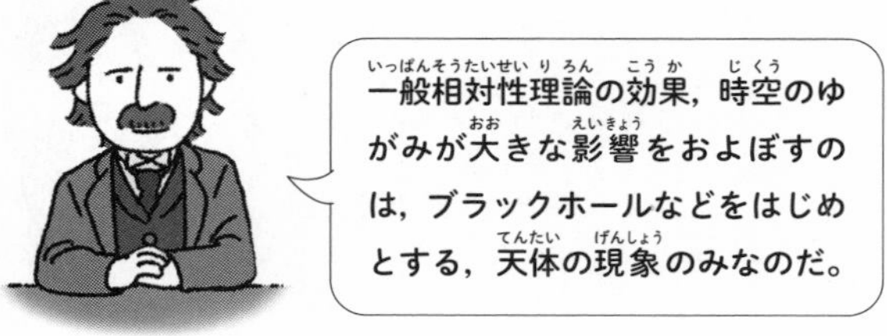

4 一般相対性理論《いっぱんそうたいせいりろん》による重力《じゅうりょく》

地球《ちきゅう》の下《した》にえがかれた格子《こうし》のゆがみは，ゆがんだ時空《じくう》をあらわしています。この時空《じくう》のゆがみによって，リンゴは地球《ちきゅう》に向《む》かって転《ころ》がっていきます。これが重力《じゅうりょく》のしくみです。

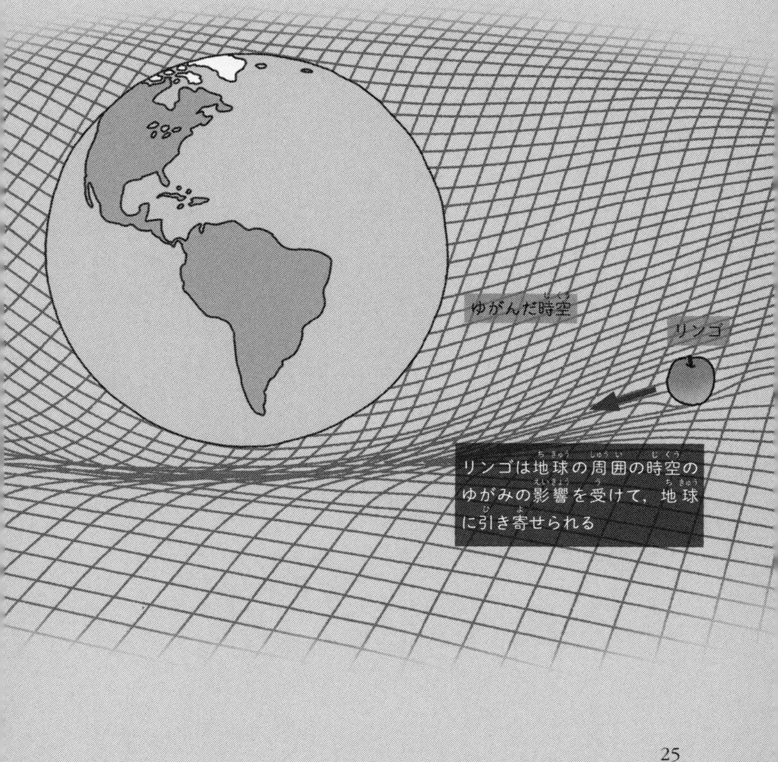

アインシュタインは どんな人《ひと》？

アインシュタインは，1879年《ねん》，ドイツのウルムに生《う》まれました。**幼児期《ようじき》のアインシュタインはあまり言葉《ことば》を話《はな》さず，かんしゃくもちだったといいます。**友達《ともだち》と遊《あそ》ぶよりも，ひとり遊《あそ》びを好《この》んでいたようです。

1895年《ねん》，アインシュタインは一度《いちど》大学受験《だいがくじゅけん》に失《しっ》敗《ぱい》します。しかしその翌年《よくねん》に合格《ごうかく》し，スイス連邦工《れんぽうこう》科大学《かだいがく》に入学《にゅうがく》しました。大学卒業後《だいがくそつぎょうご》は，特許局《とっきょきょく》に勤《つと》めました。仕事《しごと》のかたわらに研究《けんきゅう》に打《う》ちこみ，1905年《ねん》に博士号《はくしごう》を取得《しゅとく》するために，「特殊相対性《とくしゅそうたいせい》理論《りろん》」の論文《ろんぶん》を発表《はっぴょう》。しかし，大学《だいがく》に認《みと》められず，かわりに微少《びしょう》な粒子《りゅうし》の運動《うんどう》（ブラウン運動《うんどう》）についての論文《ろんぶん》で博士号《はくしごう》を取得《しゅとく》しました。**アインシュタインは1905年《ねん》には，ほかにも「光量子仮説《こうりょうしかせつ》」という革新的《かくしんてき》な論文《ろんぶん》を発表《はっぴょう》しています。このため1905年《ねん》**

は，「奇跡《きせき》の年《とし》」といわれています。

私生活《しせいかつ》では，24歳《さい》のときに大学《だいがく》の同級生《どうきゅうせい》ミレーバ・マリッチと結婚《けっこん》しました。しかし35歳《さい》のときに別居《べっきょ》。そして40歳《さい》のときに離婚《りこん》し，いとこのエルザと再婚《さいこん》しました。しかし愛人《あいじん》が多《おお》く，エルザとの結婚生活《けっこんせいかつ》も冷《さ》めていたようです。

子《こ》どものころのアインシュタイン

第《だい》1章《しょう》

相《そう》対《たい》性《せい》理《り》論《ろん》の基《き》本《ほん》，光《ひかり》の速《はや》さを知《し》る

相《そう》対《たい》性《せい》理《り》論《ろん》は，光《ひかり》の速《はや》さに対《たい》する疑《ぎ》問《もん》からはじまりました。第《だい》1章《しょう》では，光《ひかり》の速《はや》さを追《お》い求《もと》めた科《か》学《がく》者《しゃ》たちの歴《れき》史《し》と，アイシュタインの「光《こう》速《そく》度《ど》不《ふ》変《へん》の原《げん》理《り》」を紹《しょう》介《かい》します。

1 光《ひかり》の速《はや》さは，秒速約《びょうそくやく》30万《まん》キロメートル

光《ひかり》は，月《つき》におよそ1.3秒《びょう》で到着《とうちゃく》する

部屋《へや》の照明《しょうめい》のスイッチを入《い》れると，一瞬《いっしゅん》にして室内《しつない》は明《あか》るくなります。ところが，光《ひかり》はけっして電球《でんきゅう》がついたのと同時《どうじ》に，部屋《へや》のすみずみまで届《とど》いているわけではありません。電球《でんきゅう》から出《で》た光《ひかり》が，時間《じかん》をかけて部屋《へや》の中《なか》に広《ひろ》がっているのです。

光《ひかり》は，1秒間《びょうかん》におよそ30万《まん》キロメートル進《すす》みます。つまり，速《はや》さ（距離《きょり》÷時間《じかん》）は，秒速約《びょうそくやく》30万《まん》キロメートル（3億《おく》メートル）です。アポロ宇《う》宙船《ちゅうせん》がおよそ3日間《かかん》かけてたどりついた月《つき》（地球《ちきゅう》から約《やく》38万《まん》キロメートル）に，およそ1.3秒《びょう》で到《とう》着《ちゃく》するほどの猛烈《もうれつ》な速《はや》さです。

1 光《ひかり》は圧倒的《あっとうてき》に速《はや》い

さまざまなものが進《すす》む速《はや》さと光《ひかり》の速《はや》さをくらべました。人間《にんげん》の走《はし》る速《はや》さや車《くるま》，音《おと》，スペースシャトルなどとくらべて，光《ひかり》は圧倒的《あっとうてき》に速《はや》いことがわかります。

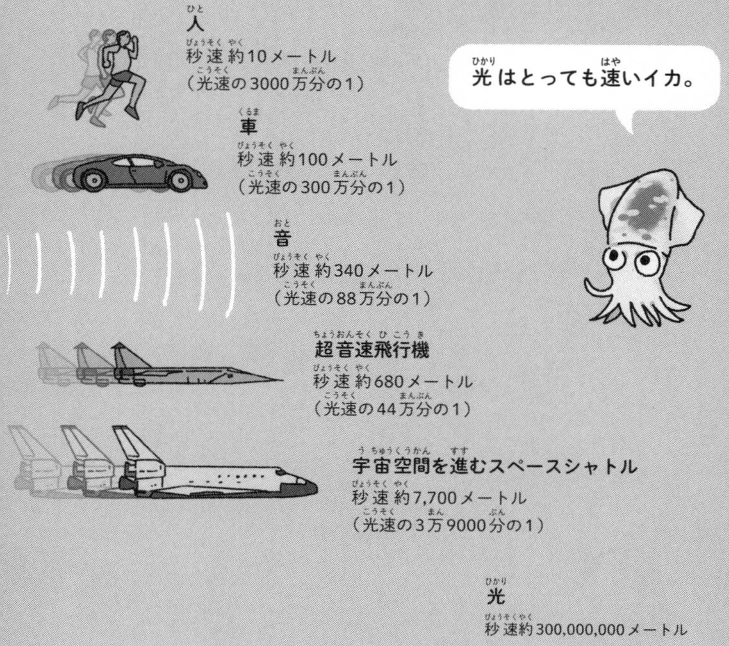

光《ひかり》は音《おと》の90万倍近《まんばいちか》い スピードで進《すす》む

光《ひかり》とよく比較《ひかく》されるものに，音《おと》があります。空気中《くうきちゅう》を音《おと》が伝《つた》わる速《はや》さは，秒速約《びょうそくやく》340メートルです。私《わたし》たちは，だれかが言葉《ことば》を発《はっ》してから，音《おと》が聞《き》こえるまでに時間差《じかんさ》を感《かん》じることはほとんどありません。秒速約《びょうそくやく》340メートルの音《おと》ですら，そうなのですから，音《おと》の90万倍近《まんばいちか》いスピードで進《すす》む光《ひかり》が時間《じかん》をかけて広《ひろ》がっていくようすを，私《わたし》たちが実感《じっかん》できないのも当然《とうぜん》です。

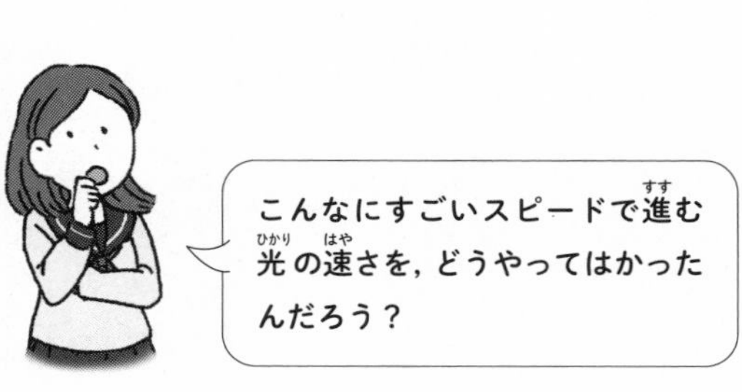

2 光《ひかり》が速《はや》すぎて，ガリレオは計測《けいそく》に失敗《しっぱい》した

ランプの光《ひかり》を使《つか》って，合図《あいず》を送《おく》りあった

光《ひかり》の速《はや》さは無限大《むげんだい》ではなく，ある有限《ゆうげん》な速度《そくど》で進《すす》んでいると指摘《してき》した最初《さいしょ》の科学者《かがくしゃ》は，16～17世紀《せいき》に活躍《かつやく》したイタリアの物理学者《ぶつりがくしゃ》で天文学《てんもんがく》者《しゃ》のガリレオ・ガリレイ（1564～1642）だといわれています。

ガリレオは，はなれた場所《ばしょ》に立《た》った二人《ふたり》がランプの光《ひかり》を使《つか》って合図《あいず》を送《おく》りあうことで，光《ひかり》の速《はや》さが求《もと》められると考《かんが》えました。たとえば，5キロメートルはなれた場所《ばしょ》で，二人《ふたり》が光《ひかり》の合図《あいず》を往《おう》復《ふく》させる（光《ひかり》が10キロメートル進《すす》む）のにかかった時間《じかん》が1秒《びょう》だとすれば，光《ひかり》の速《はや》さは秒速《びょうそく》10キロメートルというわけです。

短《みじか》い時間《じかん》を正確《せいかく》に計測《けいそく》する技術《ぎじゅつ》がなかった

光速《こうそく》をはかる方法《ほうほう》として，この考《かんが》え方《かた》はまちがっていませんでした。**しかし，ガリレオはこの方法《ほうほう》で光速《こうそく》をはかることができませんでした。**5キロメートルの距離《きょり》を往復《おうふく》する（10キロメートルを進《すす》む）のに，光《ひかり》はおよそ10万分《まんぶん》の3秒《びょう》（0.00003秒《びょう》）しかかかりません。当時《とうじ》，このような短《みじか》い時間《じかん》を正確《せいかく》に計測《けいそく》する技術《ぎじゅつ》がなかったのです。

2 ガリレオのアイデア

ガリレオは，光《ひかり》が数《すう》キロメートルはなれた2地点《ちてん》を往復《おうふく》する時間《じかん》をはかれば，光《ひかり》の速《はや》さがわかると考《かんが》えました。考《かんが》え方《かた》はまちがっていませんでした。しかし，短《みじか》い時間《じかん》をはかるための精密《せいみつ》な技術《ぎじゅつ》がなかったので，光速《こうそく》を求《もと》めることはできませんでした。

ガリレオ・ガリレイ
（1564～1642）

3 17世紀《せいき》に，光《ひかり》の速《はや》さがだいたいわかった

木星《もくせい》の衛星《えいせい》が，木星《もくせい》の影《かげ》にかくれる現象《げんしょう》に着目《ちゃくもく》

どうすれば，光《ひかり》の速《はや》さをはかることができるのでしょうか？ デンマークの天文学者《てんもんがくしゃ》のオーレ・レーマー（1644～1710）は，木星《もくせい》の衛星《えいせい》イオの「食《しょく》」（イオが木星《もくせい》の影《かげ》にかくれる現象《げんしょう》）がおきる時間間隔《じかんかんかく》が，一定《いってい》の時間間隔《じかんかんかく》からずれる現《げん》象《しょう》を使《つか》い，光速《こうそく》の値《あたい》を求《もと》めることに成功《せいこう》しました。

秒速約《びょうそくやく》21.4万《まん》キロメートルと計算《けいさん》

イオは木星《もくせい》の周囲《しゅうい》を，約《やく》42.5時間《じかん》で1周《しゅう》しています。イオの食《しょく》も，約《やく》42.5時間間隔《じかんかんかく》でおきると予想《よそう》できます。ところが地球《ちきゅう》と木星《もくせい》の位置関《いちかん》係《けい》が年月《ねんげつ》とともに変化《へんか》するため，イオの食《しょく》がおきる時間間隔《じかんかんかく》も，約《やく》42.5時間間隔《じかんかんかく》からずれていきます。レーマーは観測《かんそく》によって，地球《ちきゅう》とイオが最短距離《さいたんきょり》にあるときと最長距離《さいちょうきょり》にあるときでは，約《やく》42.5時間間隔《じかんかんかく》からのずれが22分《ふん》であることを突《つ》き止《と》めました。

この22分《ふん》という時間《じかん》は，地球《ちきゅう》とイオの最短距《さいたんきょ》離《り》と最長距離《さいちょうきょり》の差《さ》（地球《ちきゅう》の公転軌道《こうてんきどう》の直径約《ちょっけいやく》3億《おく》キロメートル）を，光《ひかり》が進《すす》むのにかかる時間《じかん》です。レーマーはこの事実《じじつ》に気《き》づき，1676年《ねん》に光《ひかり》の速《はや》さを秒速約《びょうそくやく》21.4万《まん》キロメートルと計算《けいさん》しました。

3 地球《ちきゅう》から見《み》えるイオの食《しょく》

時刻《じこく》Aと時刻《じこく》Bのときに，イオから地球《ちきゅう》に届《とど》く光《ひかり》の経路《けいろ》をえがきました。時刻《じこく》Aの位置《いち》から時刻《じこく》Bの位置《いち》に移動《いどう》するにつれて，地球《ちきゅう》とイオの距離《きょり》が短《みじか》くなり，イオの食《しょく》がおきる時間間隔《じかんかんかく》も短《みじか》くなります。

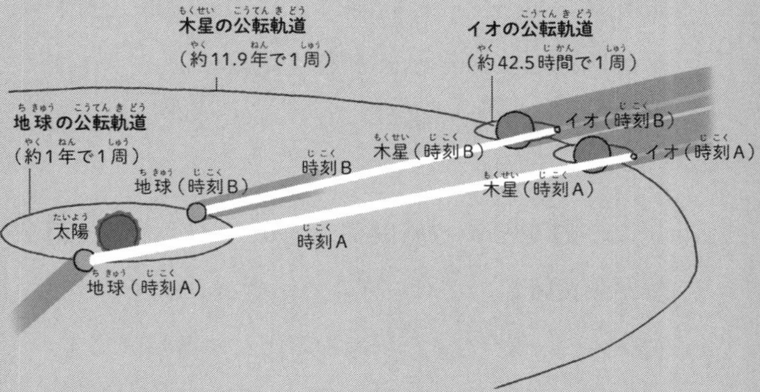

オーレ・レーマー
（1644～1710）

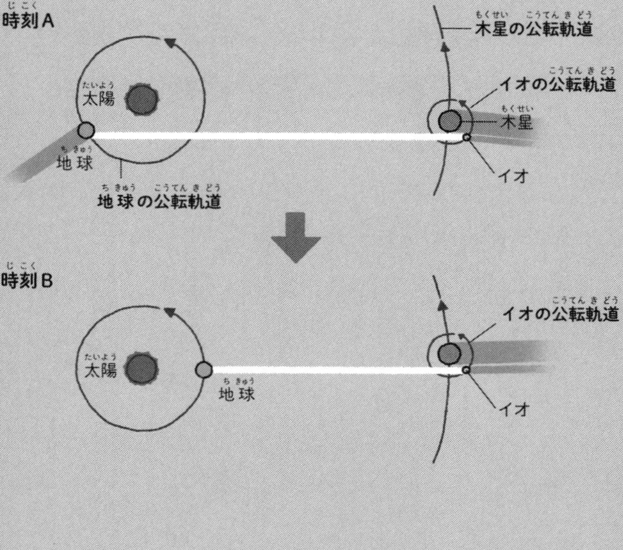

4 19世紀《せいき》，実験《じっけん》で光《ひかり》の速《はや》さが正確《せいかく》にわかった

観測装置《かんそくそうち》と，光《ひかり》を反射《はんしゃ》する装置《そうち》をつくった

実験装置《じっけんそうち》を使《つか》って光速《こうそく》の値《あたい》を測定《そくてい》することに世界《せかい》ではじめて成功《せいこう》したのが，フランスの物理学《ぶつりがく》者《しゃ》のアルマン・フィゾー（1819～1896）です。フィゾーは，望遠鏡《ぼうえんきょう》のような観測装置《かんそくそうち》と，光《ひかり》を反射《はんしゃ》する装置《そうち》（42～43ページのイラスト）をつくり，その間《あいだ》で光《ひかり》を往復《おうふく》させました。その距離《きょり》は，片道《かたみち》およそ8.6キロメートル（往復《おうふく》17.2キロメートル）でした。

歯車《はぐるま》を使《つか》い，
秒速約《びょうそくやく》31.5キロメートルと測定《そくてい》

フィゾーは，1周《しゅう》に720個《こ》の歯《は》がついた歯車《はぐるま》を光《ひかり》の通《とお》り道《みち》に置《お》き，高速《こうそく》で回転《かいてん》させました。すると，歯車《はぐるま》の歯《は》は，光《ひかり》をさえぎったり通《とお》したりを高速《こうそく》でくりかえします。フィゾーは，1秒間《びょうかん》に12.6回転《かいてん》の速《はや》さで歯車《はぐるま》を回転《かいてん》させると，歯《は》の間《あいだ》を通《とお》り抜《ぬ》けて反射《はんしゃ》してもどってきた光《ひかり》が，1個分《こぶん》進《すす》んだ歯《は》によってちょうどさえぎられることを発《はっ》見《けん》しました。

歯《は》が1個分進《こぶんすす》むのにかかる時間《じかん》は，約《やく》0.000055秒《びょう》（1秒《びょう》÷12.6回転《かいてん》÷720個《こ》÷2）です。つまり，光《ひかり》は，17.2キロメートルの距離《きょり》を0.000055秒《びょう》の時間《じかん》で進《すす》むことがわかったのです。

こうしてフィゾーは，1849年《ねん》に，光速《こうそく》の値《あたい》が秒速約《びょうそくやく》31.3万《まん》キロメートルと測定《そくてい》しました。

4 フィゾーの光速測定方法《こうそくそくていほうほう》

フィゾーがつくった光速測定装置《こうそくそくていそうち》は，回転《かいてん》する歯車《はぐるま》を通《とお》り抜《ぬ》けた光《ひかり》が，反射《はんしゃ》してもどってきたところを観測《かんそく》する装置《そうち》です。もどってきた光《ひかり》が，歯車《はぐるま》の1個分《こぶん》進《すす》んだ歯《は》によってさえぎられるように歯車《はぐるま》を回転《かいてん》させ，光速《こうそく》の値《あたい》を求《もと》めました。

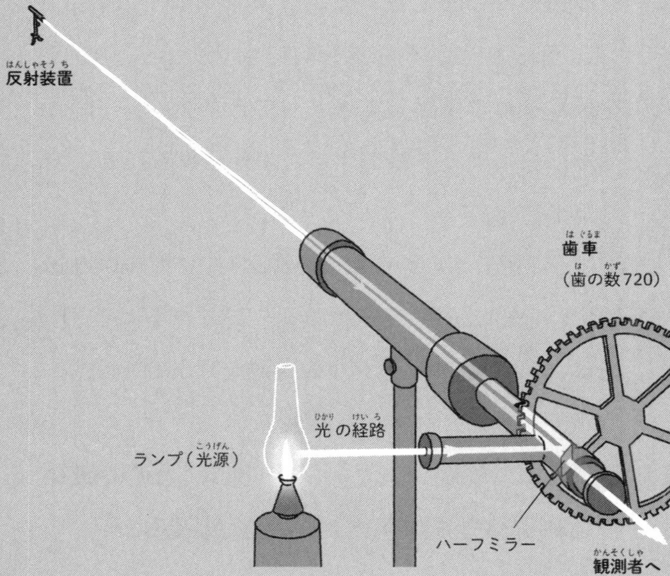

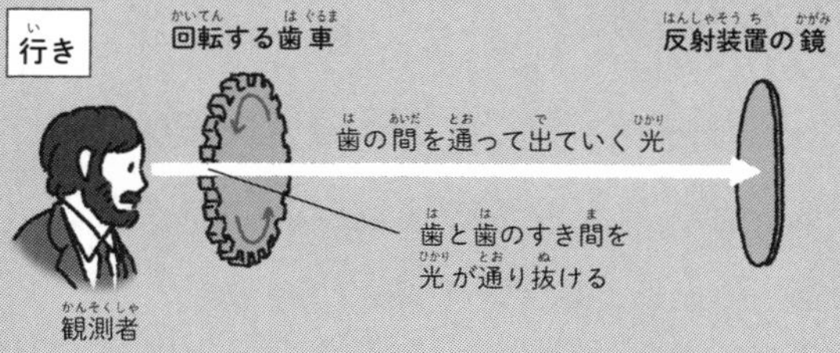
行《い》き
回転《かいてん》する歯車《はぐるま》
反射装置《はんしゃそうち》の鏡《かがみ》
歯《は》の間《あいだ》を通《とお》って出《で》ていく光《ひかり》
歯《は》と歯《は》のすき間《ま》を
光《ひかり》が通《とお》り抜《ぬ》ける
観測者《かんそくしゃ》

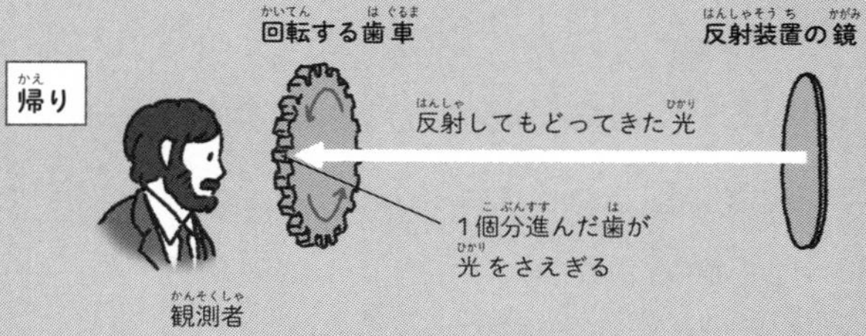
回転《かいてん》する歯車《はぐるま》
反射装置《はんしゃそうち》の鏡《かがみ》
帰《かえ》り
反射《はんしゃ》してもどってきた光《ひかり》
1個分進《こぶんすす》んだ歯《は》が
光《ひかり》をさえぎる
観測者《かんそくしゃ》

5 光《ひかり》の速《はや》さが，理論的《りろんてき》に計算《けいさん》された

電場《でんば》と磁場《じば》の連鎖《れんさ》は，波《なみ》のように進《すす》む

光《ひかり》の正体《しょうたい》を解《と》き明《あ》かし，光《ひかり》の速《はや》さを理論的《りろんてき》に求《もと》めた人物《じんぶつ》が，イギリスの物理学者《ぶつりがくしゃ》のジェームズ・マクスウェル（1831 ～ 1879）です。

マクスウェルは，電流《でんりゅう》と磁気《じき》に関《かん》する研究《けんきゅう》を行《おこな》っていました。電流《でんりゅう》が向《む》きを変化《へんか》させながら流《なが》れると，周囲《しゅうい》の空間《くうかん》には，その電流《でんりゅう》に巻《ま》きつくように「磁場《じば》」が生《しょう》じます。すると今度《こんど》はその磁場《じば》に巻《ま》きつくように「電場《でんば》」が生《しょう》じます。さらにその電場《でんば》に巻《ま》きつくように磁場《じば》が生《しょう》じ……というように，電場《でんば》と磁場《じば》が連鎖的《れんさてき》に生《しょう》じます。その結果《けっか》，電場《でんば》と磁場《じば》の連鎖《れんさ》は，波《なみ》のように進《すす》んでいきます。マクスウェルは，この波《なみ》を「電磁《でんじ》波《は》」と名《な》づけました。

5 電磁波《でんじは》

マクスウェルは，電場《でんば》と磁場《じば》が連鎖《れんさ》して生《しょう》じた波《なみ》を「電磁波《でんじは》」と名《な》づけました。電磁波《でんじは》の進《すす》む速《はや》さを理論《りろん》的《てき》な計算式《けいさんしき》から求《もと》めたところ，秒速約《びょうそくやく》30万《まん》キロメートルとなり，光速《こうそく》に一致《いっち》しました。

理論的《りろんてき》な計算《けいさん》から，秒速約《びょうそくやく》30万《まん》キロメートル

マクスウェルは，電磁波《でんじは》が進《すす》む速《はや》さを，直接《ちょくせつ》測定《そくてい》するのではなく，理論的《りろんてき》な計算《けいさん》によって求《もと》めました。すると，その値《あたい》は秒速約《びょうそくやく》30万《まん》キロメートルになりました。不思議《ふしぎ》なことに，当時明《とうじあき》らかになっていた光速《こうそく》の値《あたい》と一致《いっち》したのです。このことからマクスウェルは，電磁波《でんじは》と光《ひかり》は同《おな》じものだと結論《けつろん》づけました。

こうして，光速《こうそく》が有限《ゆうげん》であることをガリレオが指摘《してき》してから2世紀以上《せいきいじょう》の時《とき》をへて，光《ひかり》の速《はや》さとその正体《しょうたい》が明《あき》らかになったのです。

memo

光《ひかり》を放《はな》つ生《い》き物《もの》たち

生《い》き物《もの》の中《なか》には，光《ひかり》を放《はな》つものたちがいます。夏《なつ》の風物詩《ふうぶつし》であるホタルは，身近《みぢか》な例《れい》といえるでしょう。ホタル以外《いがい》にも，クラゲにイカ，サメ，果《は》てはキノコや細菌《さいきん》まで，光《ひかり》を放《はな》つ生《い》き物《もの》は広《ひろ》く存在《そんざい》しています。**真《ま》っ暗《くら》な深海《しんかい》にすむものにかぎると，８割《わり》もの生物《せいぶつ》が発光《はっこう》を利用《りよう》しているといわれています。**

なぜ彼《かれ》らは光《ひか》るのでしょうか。その理由《りゆう》はさまざまです。たとえば，ホタルは求愛《きゅうあい》のために光《ひかり》を利《り》用《よう》しています。一方《いっぽう》，深海《しんかい》にすむチョウチンアンコウは，光《ひかり》を使《つか》って，エサとなる小魚《こざかな》を近《ちか》くにおびきよせています。

光《ひか》るしくみも生物《せいぶつ》によってことなります。ホタルの場合《ばあい》は，尻尾《しっぽ》の部分《ぶぶん》でおきる化学反応《かがくはんのう》を利用《りよう》して，光《ひかり》を生《う》みだしています。海中《かいちゅう》で神秘的《しんぴてき》な光《ひかり》を放《はな》つホタルイカもほぼ似《に》たしくみです。一方《いっぽう》，チョウチンアンコウは，自分《じぶん》で光《ひかり》をつくっているわけではありません。実《じつ》は，“提灯《ちょうちん》”の中《なか》には，発光細《はっこうさい》菌《きん》がすみついており，その光《ひかり》を利用《りよう》しているのです。光《ひか》るしくみや理由《りゆう》は，いまだ多《おお》くの生物《せいぶつ》で解《と》き明《あ》かされていません。

6 通常《つうじょう》，物《もの》の速度《そくど》は，見《み》る人《ひと》によってちがう

地上《ちじょう》で静止《せいし》している人《ひと》から見《み》ると，時速《じそく》200キロ

ここからはさらに，光《ひかり》の速度《そくど》の性質《せいしつ》にせまっていきます。光《ひかり》の話《はなし》に入《はい》る前《まえ》に，まずは，一般《いっぱん》的《てき》な物《もの》の速度《そくど》について確認《かくにん》しておきましょう。ここで重要《じゅうよう》なのは，同《おな》じ物体《ぶったい》の運動《うんどう》でも，その速《そく》度《ど》は見《み》る人《ひと》（観測者《かんそくしゃ》）によってことなるということです。

時速《じそく》100キロで右《みぎ》に進《すす》む電車《でんしゃ》の中《なか》で，電車《でんしゃ》の中《なか》の人《ひと》から見《み》て右《みぎ》に時速《じそく》100キロでボールを投《な》げる場合《ばあい》を考《かんが》えてみます（52ページのイラストa）。地上《ちじょう》で静止《せいし》している人《ひと》から見《み》ると，ボールの速度《そくど》は，電車《でんしゃ》の速度《そくど》と足《た》し算《ざん》されて，右向《みぎむ》きに時速《じそく》200キロになります（100キロ＋100キロ）。

地上《ちじょう》で静止《せいし》している人《ひと》から見《み》ると，速度《そくど》はゼロ

　今度《こんど》は，電車《でんしゃ》の中《なか》の人《ひと》から見《み》て左《ひだり》に時速《じそく》100キロでボールを投《な》げる場合《ばあい》を考《かんが》えます（53ページのイラストb）。地上《ちじょう》で静止《せいし》している人《ひと》から見《み》たボールの速度《そくど》は，ゼロ（100キロ－100キロ）になります。**つまり，地上《ちじょう》でボールは止《と》まって見《み》えることになります。**なお実際《じっさい》には重力《じゅうりょく》があるので，時間《じかん》がたつと，ボールは真下《ました》に落下《らっか》するように見《み》えます。

　このように物体《ぶったい》の速度《そくど》は，見《み》る人《ひと》によって，ことなって見《み》えるのです。

6 速度《そくど》の足《た》し算《ざん》

電車《でんしゃ》の中《なか》でボールを投《な》げます。地上《ちじょう》で静止《せいし》している人《ひと》から見《み》ると，ボールの速度《そくど》は，「電車《でんしゃ》の速度《そくど》」と「電車《でんしゃ》の中《なか》の人《ひと》から見《み》たボールの速度《そくど》」を足《た》し算《ざん》したものになります。

a. 電車《でんしゃ》の中《なか》で，進行方向《しんこうほうこう》にボールを投《な》げる

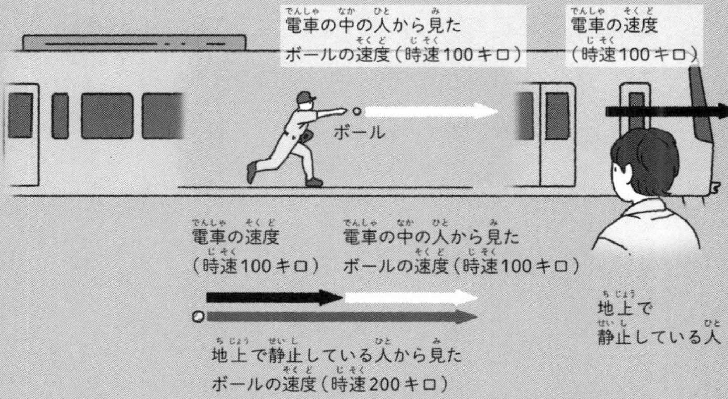

b. 電車《でんしゃ》の中《なか》で，進行方向《しんこうほうこう》と逆方向《ぎゃくほうこう》にボールを投《な》げる

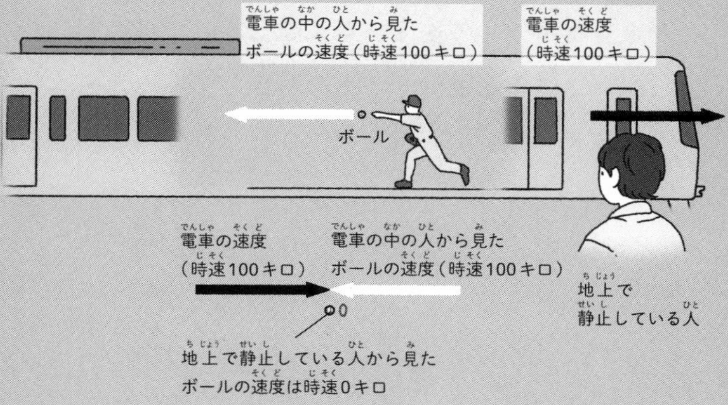

7 世《よ》の中《なか》に，静止《せいし》しているものなんてない

太陽《たいよう》は，天《あま》の川銀河《がわぎんが》を2億年《おくねん》かけて1周《しゅう》している

50～53ページでは，地上《ちじょう》で静止《せいし》している人《ひと》から見《み》たボールの速度《そくど》を考《かんが》えました。では，あらゆる物体《ぶったい》の速度《そくど》は，地上《ちじょう》で静止《せいし》している人《ひと》を基準《きじゅん》にすればいいのでしょうか。そうではありません。

昔《むかし》は，静止《せいし》した太陽《たいよう》のまわりを地球《ちきゅう》がまわると考《かんが》えられていました。（56～57ページのイラスト1）。しかし，太陽《たいよう》は天《あま》の川銀河《がわぎんが》の中《なか》の約《やく》2000億個《おくこ》の恒星《こうせい》の一《ひと》つにすぎません。そして天《あま》の川銀河《がわぎんが》は回転《かいてん》しており，太陽《たいよう》は天《あま》の川銀河《がわぎんが》を2億年《おくねん》かけて1周《しゅう》しています（56～57ページのイラスト2）。さらには，天《あま》の川銀河《がわぎんが》も，ほかの銀河《ぎんが》に引《ひ》き寄《よ》せられるように動《うご》いています。

静止《せいし》した場所《ばしょ》を考《かんが》えることには，意味《いみ》がない

こうしてみると，静止《せいし》しているといいきれる場《ば》所《しょ》など，みつかりそうもありません。アインシュタインは，宇宙《うちゅう》の中《なか》で静止《せいし》した場所《ばしょ》を考《かんが》えることには，意味《いみ》がないと考《かんが》えました。

天《あま》の川《がわ》銀河《ぎんが》の近《ちか》くには，アンドロメダ銀河《ぎんが》などの銀河《ぎんが》があり，おたがいの重力《じゅうりょく》で引《ひ》き合《あ》って運動《うんどう》しているぞ。さらに，これらの銀河《ぎんが》たちは，うみへび座《ざ》の「グレートアトラクター」という巨大重力源《きょだいじゅうりょくげん》に向《む》かってひっぱられているのだ。

7 地球《ちきゅう》も太陽《たいよう》も動《うご》いている

地球《ちきゅう》は太陽《たいよう》のまわりをまわっています。その太陽《たいよう》は天《あま》の川銀河《がわぎんが》の中《なか》をまわっています。そして天《あま》の川銀河《がわぎんが》も，近《ちか》くの銀河《ぎんが》と引《ひ》き合《あ》うなどして，宇宙空間《うちゅうくうかん》の中《なか》を運動《うんどう》しています。

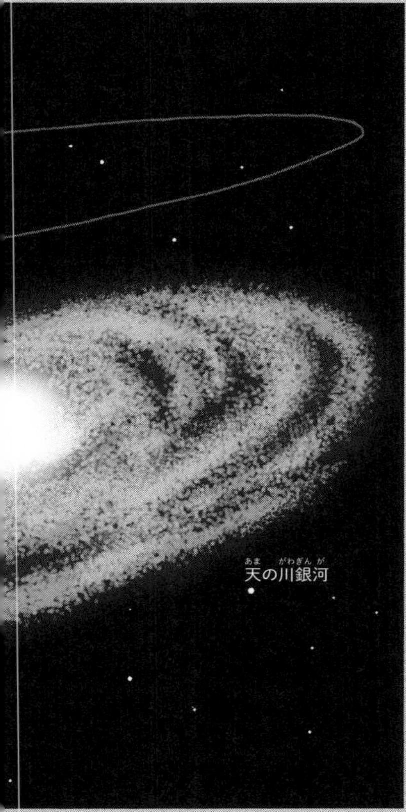
天《あま》の川《がわ》銀河《ぎんが》

8 光《ひかり》を光《ひかり》の速《はや》さで追《お》いかけたら，止《と》まって見《み》えるのか

車《くるま》と同《おな》じなら，光《ひかり》も止《と》まって見《み》えるはず

「光《ひかり》の速《はや》さで飛《と》んだら，顔《かお》は鏡《かがみ》に映《うつ》るのだろうか？」。14ページで紹介《しょうかい》したアインシュタインの疑問《ぎもん》です。

たとえば時速《じそく》100キロメートルで走《はし》る車《くるま》を，同《おな》じく時速《じそく》100キロメートルで走《はし》る車《くるま》で横《よこ》に並《なら》んで観察《かんさつ》したら，車《くるま》は自分《じぶん》の車《くるま》に対《たい》して，止《と》まって見《み》えます（時速《じそく》100キロ－時速《じそく》100キロ＝時速《じ》速《そく》0キロ）。**これを光《ひかり》にもあてはめれば，光《ひかり》も止《と》まって見《み》えるはずです。**

memo

電磁気学《でんじきがく》の理論《りろん》では，光速《こうそく》はいつも同《おな》じ

ところがアインシュタインには，光《ひかり》が止《と》まって見《み》えるという考《かんが》えは，簡単《かんたん》には受《う》け入《い》れられませんでした。なぜなら，マクスウェルの電磁気《でんじき》学《がく》の理論《りろん》では，真空中《しんくうちゅう》の光《ひかり》の速《はや》さは「一定《いってい》の値《あたい》（定数《ていすう》）」としてみちびきだされるからです（46ページ）。つまり，ほかの条件《じょうけん》によらず，光速《こうそく》はつねに秒速約《びょうそくやく》30万《まん》キロメートルだと，電磁気学《でんじきがく》の理論《りろん》はいっているのです。

アインシュタインが抱《いだ》いた光《ひかり》に関《かん》する疑問《ぎもん》は，観測《かんそく》する人《ひと》が動《うご》けば速《はや》さは足《た》し算《ざん》したり引《ひ》き算《ざん》したりできるという常識《じょうしき》と，光速《こうそく》はつねに秒速約《びょうそくやく》30万《まん》キロメートルだとする電磁気学《でんじきがく》の結論《けつろん》との間《あいだ》にある矛盾《むじゅん》に行《い》きあたりました。

8 光《ひかり》は止《と》まって見《み》える？

常識的《じょうしきてき》な速度《そくど》の引《ひ》き算《ざん》で考《かんが》えれば，光《ひかり》と同《おな》じ速《はや》さで光《ひかり》を追《お》いかけると，光《ひかり》は止《と》まって見《み》えるはずです。しかし，電磁気学《でんじきがく》の理論《りろん》によると，光速《こうそく》はつねに秒速約《びょうそくやく》30万《まん》キロメートルです。

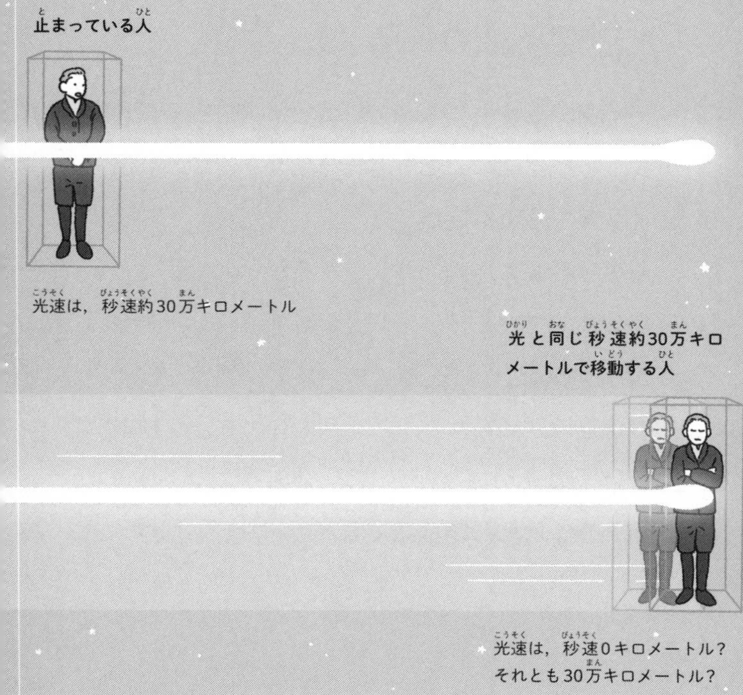

9 光《ひかり》の速《はや》さは，だれから見《み》ても同《おな》じだった

アインシュタインの結論《けつろん》，「光速度不変《こうそくどふへん》の原理《げんり》」

アインシュタインは，光《ひかり》の速《はや》さに関《かん》する疑問《ぎもん》から，ある結論《けつろん》にたどり着《つ》きます。それが，「光《こう》速度不変《そくどふへん》の原理《げんり》」です。

光速度不変《こうそくどふへん》の原理《げんり》とは，「光源《こうげん》がどんな速《はや》さで運動《うんどう》していても，光《ひかり》の速度《そくど》を計測《けいそく》する人《ひと》（観測《かんそく》者《しゃ》）がどんな速《はや》さで運動《うんどう》していても，真空中《しんくうちゅう》での光《ひかり》の速《はや》さはかわらない」というものです。**つまり，真空中《しんくうちゅう》での光《ひかり》の速《はや》さが秒速約《びょうそくやく》30万《まん》キロメートルというのは，だれから見《み》てもかわらないのです。**

光速度不変《こうそくどふへん》の原理《げんり》こそ，相対性理論《そうたいせいりろん》の土台《どだい》

64～65ページのイラストのように，光源《こうげん》と観《かん》測者《そくしゃ》が静止《せいし》していても（1），光源《こうげん》が観測者《かんそくしゃ》に接近《せっきん》していても（2），遠《とお》ざかっていても，光源《こうげん》に観測《かんそく》者《しゃ》が接近《せっきん》していても（3），光速《こうそく》の値《あたい》はかわりません。さらにいえば，光源《こうげん》も観測者《かんそくしゃ》も両方動《りょうほううご》いていたとしても（4），光速《こうそく》の値《あたい》はかわらないのです。

この光速度不変《こうそくどふへん》の原理《げんり》こそ，相対性理論《そうたいせいりろん》の土台《どだい》となる，きわめて重要《じゅうよう》な原理《げんり》です。

光《ひかり》の速《はや》さに，光源《こうげん》の速《はや》さが足《た》し算《ざん》されないということは，「速《はや》さは，足《た》し算《ざん》や引《ひ》き算《ざん》ができる」という常識《じょうしき》をくつがえしたということね。

9 光《ひかり》の速度《そくど》はつねに同《おな》じ

イラスト1～4のように，どんな状況《じょうきょう》であっても真空中《しんくうちゅう》の光《ひかり》の速度《そくど》は常《つね》に同《おな》じです。光源《こうげん》が静止《せいし》していても動《うご》いていても，観測者《かんそくしゃ》が静止《せいし》していても動《うご》いていてもかわりません。

1. 光源《こうげん》が静止《せいし》しており，観測者《かんそくしゃ》も静止《せいし》している場合《ばあい》

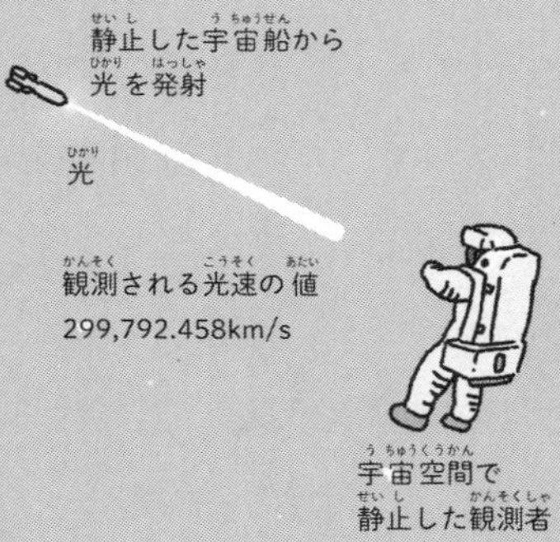

2. 光源《こうげん》が動《うご》いており，観測者《かんそくしゃ》が静止《せいし》している場合《ばあい》

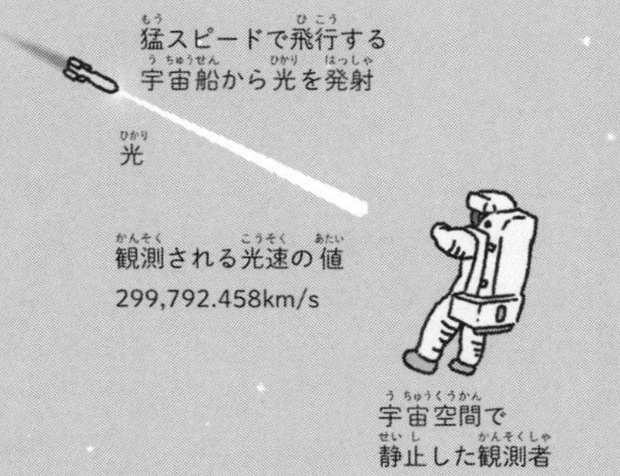

3. 光源《こうげん》が静止《せいし》しており，観測者《かんそくしゃ》が動《うご》いている場合《ばあい》

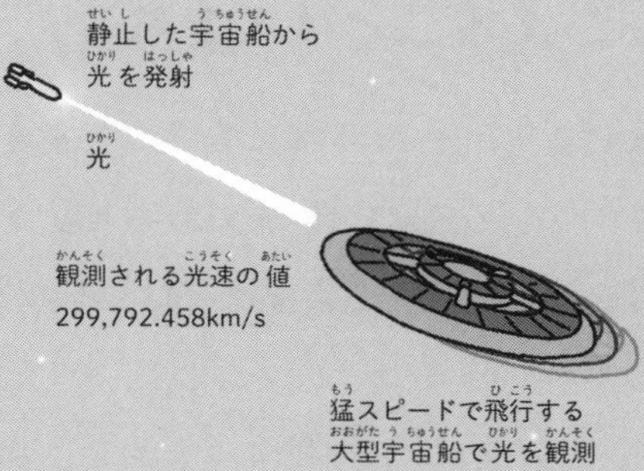

4. 光源《こうげん》が動《うご》いており，観測者《かんそくしゃ》も動《うご》いている場合《ばあい》

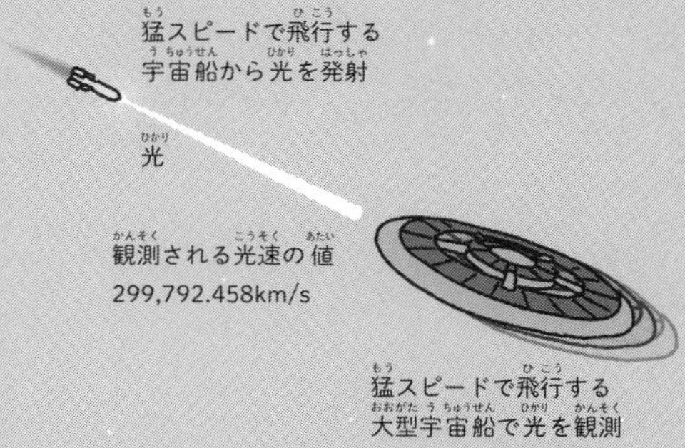

10 光速《こうそく》は，自然界《しぜんかい》の最高速度《さいこうそくど》だった

何物《なにもの》も，けっして光速《こうそく》をこえることはできない

　光速《こうそく》には，もう一《ひと》つ非常《ひじょう》に重要《じゅうよう》な意味《いみ》があります。それは，「光速《こうそく》は自然界《しぜんかい》の最高速度《さいこうそくど》であり，何物《なにもの》もけっして光速《こうそく》をこえることはできない」ということです。

　右ページのイラストを見《み》てください。宇宙空《うちゅうくう》間《かん》で静止《せいし》しているアリスから見《み》て，光《ひかり》が秒速《びょうそく》30万《まん》キロメートルで進《すす》んでいます。また，宇宙船《うちゅうせん》が光《ひかり》と同《おな》じ方向《ほうこう》に秒速《びょうそく》24万《まん》キロメートルで進《すす》んでいます。宇宙船《うちゅうせん》の中《なか》には，ボブがいます。

10 光《ひかり》を追《お》いかける宇宙船《うちゅうせん》

イラストは，光《ひかり》を追《お》いかける宇宙船《うちゅうせん》から見《み》た場合《ばあい》の光《ひかり》の速度《そくど》を表現《ひょうげん》しています。光《ひかり》の速度《そくど》には，速度《そくど》の足《た》し算《ざん》や引《ひ》き算《ざん》はなりたちません。宇宙船《うちゅうせん》がどんな速度《そくど》で光《ひかり》を追《お》いかけても，光《ひかり》は秒速《びょうそく》30万《まん》キロメートルで宇宙船《うちゅうせん》から遠《とお》ざかります。

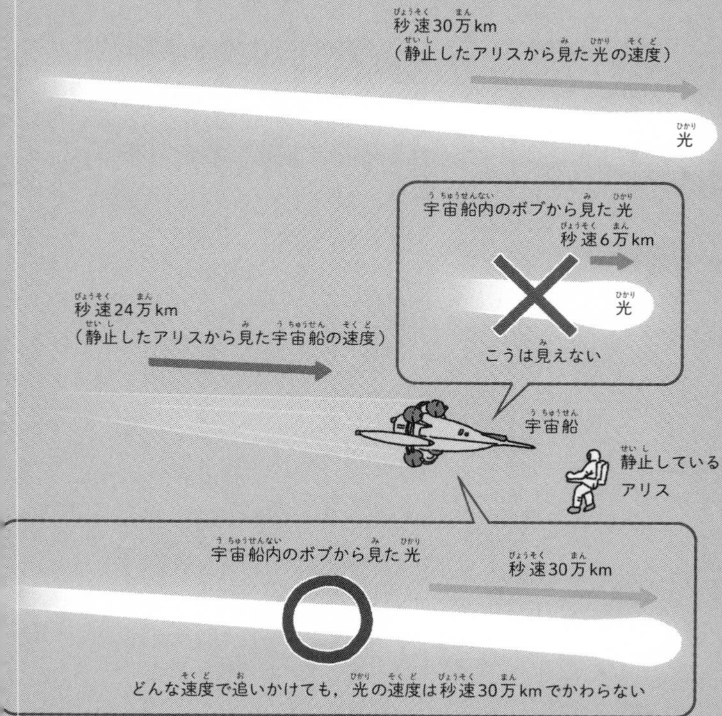

光《ひかり》には追《お》いつきようがない

光速度不変《こうそくどふへん》の原理《げんり》から，宇宙船《うちゅうせん》から見《み》た光《ひかり》の速度《そくど》は，秒速《びょうそく》6万《まん》キロメートル（秒速《びょうそく》30万《まん》キロメートル－秒速《びょうそく》24万《まん》キロメートル）ではなく，やはり秒速《びょうそく》30万《まん》キロメートルのままです。

宇宙船《うちゅうせん》は，ここからどんなに速度《そくど》を上《あ》げても，光《ひかり》には追《お》いつきようがないのです。これは，光《ひかり》の速度《そくど》をこえることが不可能《ふかのう》であることを意味《いみ》しています。

光速度不変《こうそくどふへん》の原理《げんり》は，19世紀後半《せいきこうはん》にアメリカの物理学者《ぶつりがくしゃ》アルバート・マイケルソンと，エドワード・モーリーによって行《おこな》われた実験《じっけん》などによって，実証《じっしょう》されているイカ。

memo

博士《はかせ》！教《おし》えて!!

光《ひかり》の速《はや》さは,こえられないの？

博士《はかせ》，光速《こうそく》は自然界《しぜんかい》の最高速度《さいこうそくど》なんですよね。光《ひかり》よりも速《はや》く移動《いどう》するものはないんですよね。

そうじゃな。光《ひかり》と競争《きょうそう》して，光《ひかり》に勝《か》てるものはないんじゃ。じゃが，地球《ちきゅう》から遠《とお》くにある銀河《ぎんが》についていうと，光速《こうそく》をこえる速度《そくど》で地球《ちきゅう》から遠《とお》ざかっておるぞ。

どういうことですか?

宇宙《うちゅう》にあるたくさんの銀河《ぎんが》は，地球《ちきゅう》からどんどん遠《とお》ざかっておるんじゃ。その速度《そくど》は，地球《ちきゅう》からの距離《きょり》に比例《ひれい》しておる。つまり，地球《ちきゅう》からすごく遠《とお》くにある銀河《ぎんが》は，光速《こうそく》をこえる速度《そくど》で遠《とお》ざかっているんじゃ。

えっ，銀河《ぎんが》は光速《こうそく》をこえて移動《いどう》してもいいんですか？

ちょっとややこしいんじゃが…，これは銀河《ぎんが》が移動《いどう》しているんじゃなくて，空間《くうかん》そのものが膨張《ぼうちょう》しているんじゃ。つまり，銀河《ぎんが》が実際《じっさい》に，光速《こうそく》をこえて移動《いどう》しているわけじゃないんじゃよ。空間《くうかん》が膨張《ぼうちょう》する速度《そくど》は，光速《こうそく》をこえてもいいんじゃ。

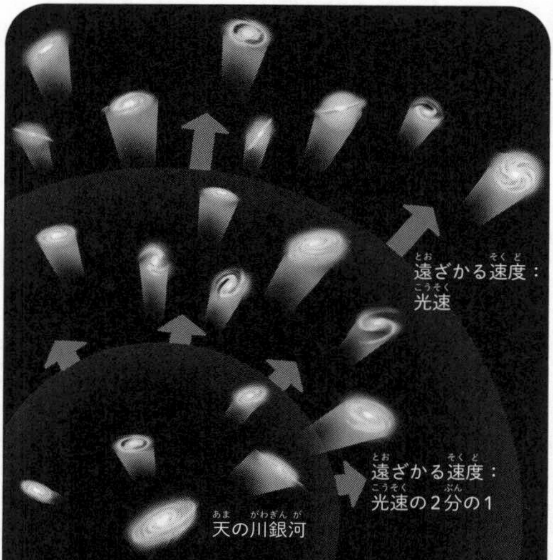

宇宙《うちゅう》に無数《むすう》にある銀河《ぎんが》は，私《わたし》たちのいる天《あま》の川銀河《がわぎんが》から遠《とお》ざかっています。遠《とお》ざかる速度《そくど》は，天《あま》の川銀河《がわぎんが》からの距《きょ》離《り》に比例《ひれい》しています。そのため，ある距離《きょり》よりも遠《とお》くにある銀河《ぎんが》は，光速《こうそく》をこえて移動《いどう》することになります。

ひとりを好《この》んだ子《こ》ども時代《じだい》

さびしがりやのアルバート

第《だい》2章《しょう》

特《とく》殊《しゅ》相《そう》対《たい》性《せい》理《り》論《ろん》：時《じ》間《かん》と空《くう》間《かん》の新《しん》理《り》論《ろん》

第《だい》1章《しょう》の「光速度不変《こうそくどふへん》の原理《げんり》」をもとに導《みちび》き出《だ》されたのが，「時間《じかん》と空間《くうかん》は，長《なが》くなったり短《みじか》くなったりする」という特殊相対《とくしゅそうたい》性理論《せいりろん》です。時間《じかん》と空間《くうかん》の考《かんが》え方《かた》を一変《いっぺん》した，特殊相対性理論《とくしゅそうたいせいりろん》の世界《せかい》をみていきましょう。

1 ニュートンが考《かんが》えた，絶対《ぜったい》時間《じかん》と絶対《ぜったい》空間《くうかん》

どんな場所《ばしょ》でも一様《いちよう》の速《はや》さで流《なが》れる「絶対《ぜったい》時間《じかん》」

アインシュタインは，1905年《ねん》に特殊相対性理《とくしゅそうたいせいり》論《ろん》を発表《はっぴょう》し，時間《じかん》と空間《くうかん》に関《かん》する従来《じゅうらい》の常識《じょうしき》をくつがえしました。相対性理論以前《そうたいせいりろんいぜん》の「常識《じょうしき》」とは，いったいどういうものだったのでしょうか。

イギリスの天才物理学者《てんさいぶつりがくしゃ》のアイザック・ニュートン（1642～1727）は，著書《ちょしょ》『プリンキピア（自然哲学《しぜんてつがく》の数学的諸原理《すうがくてきしょげんり》）』の中《なか》で，「絶対時《ぜったいじ》間《かん》」と「絶対空間《ぜったいくうかん》」という考《かんが》えを提唱《ていしょう》しました。絶対時間《ぜったいじかん》とは，「何《なに》ものにも影響《えいきょう》されず，あらゆる場所《ばしょ》で一様《いちよう》の速《はや》さで流《なが》れる時間《じかん》」を意味《いみ》します。宇宙《うちゅう》のどんな場所《ばしょ》に時計《とけい》を持《も》っていっても，時《とき》をきざむペース（たとえば1秒《びょう》の進《すす》み方《かた》）は同《おな》じということです。

1 絶対時間《ぜったいじかん》と絶対空間《ぜったいくうかん》

空間《くうかん》のさまざまな場所《ばしょ》に配置《はいち》された時計《とけい》は，絶対時《ぜったいじ》間《かん》をあらわしています。だれにとっても時間《じかん》の流《なが》れ方《かた》は同《おな》じです。ゆがみのない整然《せいぜん》とした升目《ますめ》は，絶《ぜっ》対空間《たいくうかん》をあらわしています。

アイザック・ニュートン
（1642～1727）

どんな場所《ばしょ》でも 空間《くうかん》の中《なか》の長《なが》さが同《おな》じ「絶対空間《ぜったいくうかん》」

一方《いっぽう》，絶対空間《ぜったいくうかん》とは，「何《なに》ものにも影響《えいきょう》されず，つねに静止《せいし》している空間《くうかん》」を意味《いみ》します。宇宙《うちゅう》のどんな場所《ばしょ》でも，空間《くうかん》の中《なか》の長《なが》さ（たとえば1メートルの長《なが》さ）は同《おな》じということです。**時間《じかん》の進《すす》み方《かた》と空間《くうかん》の中《なか》の長《なが》さはいつだれにとっても等《ひと》しいというニュートンの考《かんが》え方《かた》は，従来《じゅうらい》の物理学《ぶつりがく》の一般的《いっぱんてき》な「常識《じょうしき》」でした。**

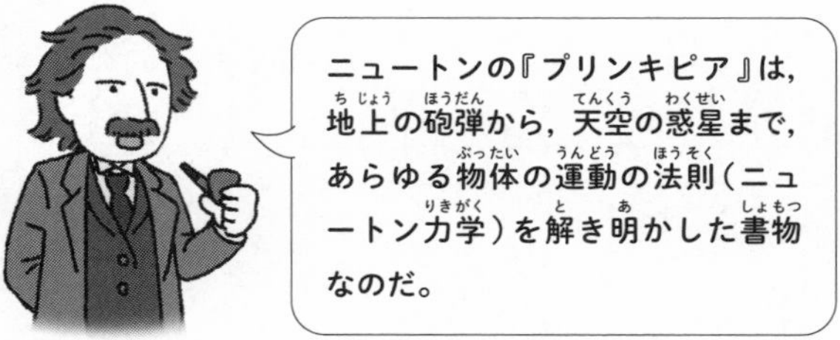

2 アインシュタインが考《かんが》えた，相対時間《そうたいじかん》と相対空間《そうたいくうかん》

だれにとっても等《ひと》しいものは「光速《こうそく》」

ニュートンの考《かんが》えた「ニュートン力学《りきがく》」とよばれる理論《りろん》では，時間《じかん》の進《すす》み方《かた》と空間《くうかん》の中《なか》の長《なが》さは，だれにとっても等《ひと》しい絶対的《ぜったいてき》なものでした。この考《かんが》え方《かた》は200年以上《ねんいじょう》にわたって信《しん》じられてきました。

一方《いっぽう》，アインシュタインが発表《はっぴょう》した特殊相対《とくしゅそうたい》性理論《せいりろん》では，だれにとっても等《ひと》しい絶対的《ぜったいてき》なものは「光速《こうそく》」であり，時間《じかん》の進《すす》み方《かた》と空間《くうかん》の中《なか》の長《なが》さは相対的《そうたいてき》なものだと説明《せつめい》します。

時間《じかん》と空間《くうかん》は，長《なが》くなったり短《みじか》くなったりする

相対的《そうたいてき》とは，だれか（何《なに》か）と比較《ひかく》することではじめて決《き》まるということです。つまり，時間《じかん》の進《すす》み方《かた》と空間《くうかん》の中《なか》の長《なが》さは，くらべる人《ひと》や物《もの》に応《おう》じて，長《なが》くなったり短《みじか》くなったりするというのです！

2 相対時間《そうたいじかん》と相対空間《そうたいくうかん》

空間《くうかん》のさまざまな場所《ばしょ》に配置《はいち》され，それぞれがことなる時刻《じこく》を示《しめ》す時計《とけい》は，「相対時間《そうたいじかん》」をあらわします。ゆがんだ格子《こうし》は，場所《ばしょ》によって長《なが》さがことなる，「相対空間《そうたいくうかん》」をあらわします。

3 時間《じかん》と空間《くうかん》は，長《なが》くなったり短《みじか》くなったりする

従来《じゅうらい》の考《かんが》えだと，光速度不変《こうそくどふへん》の原理《げんり》と矛盾《むじゅん》する

特殊相対性理論《とくしゅそうたいせいりろん》は，時間《じかん》と空間《くうかん》が長《なが》くなったり，短《みじか》くなったりすると考《かんが》える理論《りろん》です。**その理論《りろん》の要《かなめ》は，光速度不変《こうそくどふへん》の原理《げんり》です。**

84～85ページのイラストを見《み》てください。秒速《びょうそく》10万《まん》キロメートルで進《すす》む宇宙船《うちゅうせん》の先端《せんたん》から光《ひかり》を発射《はっしゃ》します。宇宙船《うちゅうせん》の中《なか》にいるボブから見《み》ると，1秒後《びょうご》には，光《ひかり》は宇宙船《うちゅうせん》の先端《せんたん》から約《やく》30万《まん》キロメートル先《さき》まで進《すす》んでいます。これを宇《う》宙空間《ちゅうくうかん》で静止《せいし》したアリスから見《み》ると，宇宙船《うちゅうせん》は1秒間《びょうかん》に10万《まん》キロメートル進《すす》んでいるため，光《ひかり》は約《やく》40万《まん》キロメートル（約《やく》30万《まん》＋10万《まん》）進《すす》んだことになりそうです。しかしこれでは，アリスにとって，光速《こうそく》が秒速約《びょうそくやく》40万《まん》キロメートルとなりま

す。光速度不変《こうそくどふへん》の原理《げんり》と矛盾《むじゅん》してしまいます。

距離《きょり》と時間《じかん》を増減《ぞうげん》させるしかない

　速度《そくど》は，「進《すす》んだ距離《きょり》」÷「要《よう》した時間《じかん》」で計算《けいさん》できます。そのため，宇宙空間《うちゅうくうかん》で静止《せいし》したアリスから見《み》ても，光速《こうそく》が秒速約《びょうそくやく》30万《まん》キロメートルになるには，光《ひかり》の「進《すす》んだ距離《きょり》」と「要《よう》した時間《じかん》」を増減《ぞうげん》させてつじつまを合《あ》わせるしかありません。つまり時間《じかん》や距離《きょり》が見《み》る人《ひと》の立場《たちば》によって長《なが》くなったり短《みじか》くなったりしないかぎり，光速《こうそく》はだれから見《み》ても同《おな》じにはならないのです。

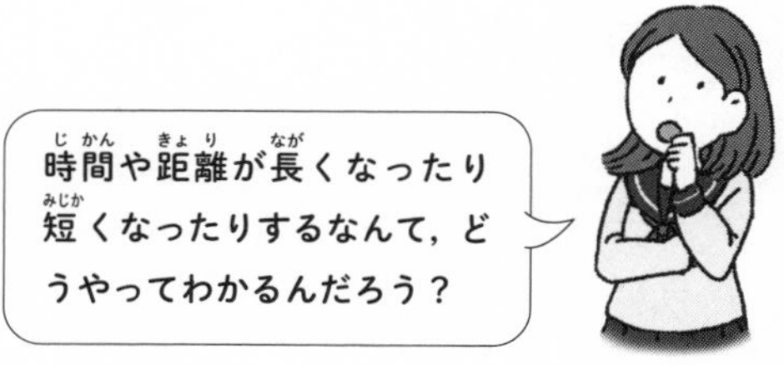

3 宇宙船《うちゅうせん》から光《ひかり》を発射《はっしゃ》した場合《ばあい》

秒速《びょうそく》10万《まん》キロメートルで進《すす》む宇宙船《うちゅうせん》の先端《せんたん》から，光《ひかり》を発射《はっしゃ》しました。宇宙船《うちゅうせん》の中《なか》のボブと宇宙空間《うちゅうくうかん》で静止《せいし》したアリス，そのどちらから見《み》ても光《ひかり》が同《おな》じ速度《そくど》になるには，見《み》る人《ひと》の立場《たちば》で時《じ》間《かん》と空間《くうかん》が長《なが》くなったり短《みじか》くなったりする必要《ひつよう》があります。

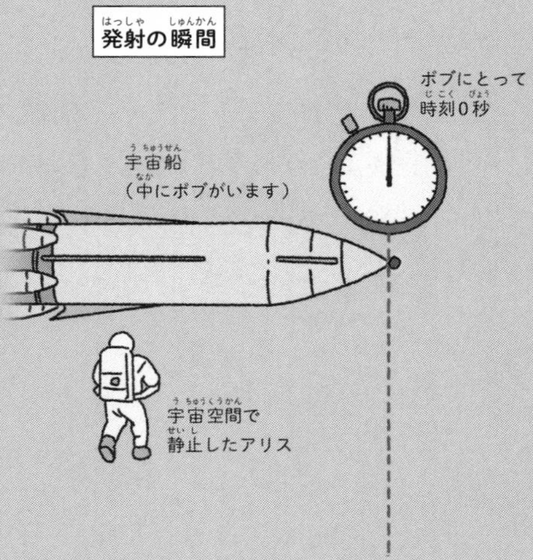

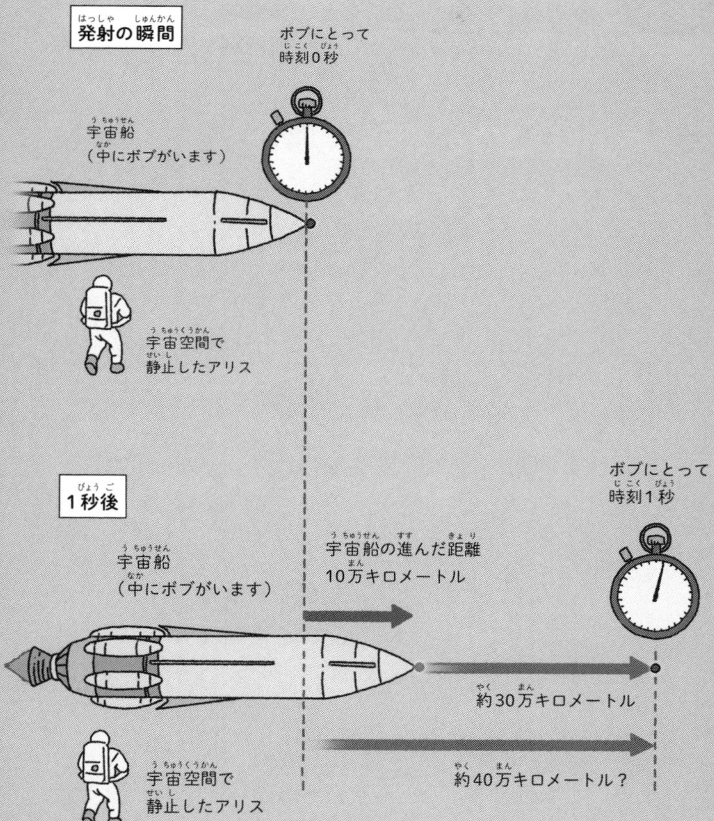
発射《はっしゃ》の瞬間《しゅんかん》
ボブにとって
時刻《じこく》0秒《びょう》
宇宙船《うちゅうせん》
（中《なか》にボブがいます）
宇宙空間《うちゅうくうかん》で
静止《せいし》したアリス
1秒後《びょうご》
ボブにとって
時刻《じこく》1秒《びょう》
宇宙船《うちゅうせん》の進《すす》んだ距離《きょり》
10万《まん》キロメートル
宇宙船《うちゅうせん》
（中《なか》にボブがいます）
約《やく》30万《まん》キロメートル
宇宙空間《うちゅうくうかん》で
静止《せいし》したアリス
約《やく》40万《まん》キロメートル？

4 高速《こうそく》で動《うご》く人《ひと》は，時間《じかん》が遅《おく》れ，空間《くうかん》が短《みじか》くなる

時計《とけい》の進《すす》み方《かた》が遅《おそ》く見《み》え，長《なが》さが縮《ちぢ》んで見《み》える

「時間《じかん》と空間《くうかん》が，長《なが》くなったり短《みじか》くなったりする」とは，どういうことでしょうか？ **特殊相対《とくしゅそうたい》性理論《せいりろん》によると，観測者《かんそくしゃ》から見《み》た運動速度《うんどうそくど》が速《はや》いほど，運動《うんどう》する時計《とけい》の進《すす》み方《かた》は遅《おそ》くなり，運動《うんどう》する物体《ぶったい》の長《なが》さは進行方向《しんこうほうこう》に短《みじか》くなります。**宇宙《うちゅう》空間《くうかん》で静止《せいし》したアリスから見《み》れば，運動《うんどう》している宇宙船《うちゅうせん》の中《なか》にいるボブの時計《とけい》の進《すす》み方《かた》は遅《おそ》く見《み》え，宇宙船《うちゅうせん》の長《なが》さは縮《ちぢ》んで見《み》えるということです。

ただし，時間《じかん》の遅《おく》れや物体《ぶったい》の縮《ちぢ》みが目《め》に見《み》えてあらわれるのは，秒速数万《びょうそくすうまん》キロメートル以上《いじょう》といった速《はや》さのときです。日常生活《にちじょうせいかつ》で経験《けいけん》するような速度《そくど》では，小《ちい》さすぎて気《き》づけません。

光速《こうそく》の99%で進《すす》む宇宙船《うちゅうせん》は，0.14倍《ばい》に見《み》える

仮《かり》に，光速《こうそく》の99%で進《すす》む宇宙船《うちゅうせん》を考《かんが》えてみましょう。

宇宙空間《うちゅうくうかん》に静止《せいし》したアリスの時計《とけい》が10秒進《びょうすす》んだとき，アリスから見《み》ると，宇宙船《うちゅうせん》の中《なか》のボブの時計《とけい》は1.4秒《びょう》しか進《すす》んでいません。宇宙船《うちゅうせん》の中《なか》での時間《じかん》の進《すす》み方《かた》が遅《おそ》くなるためです。また，アリスから見《み》ると，宇宙船《うちゅうせん》の長《なが》さは，静止《せいし》していたときの長《なが》さの0.14倍《ばい》に縮《ちぢ》んでしまいます。

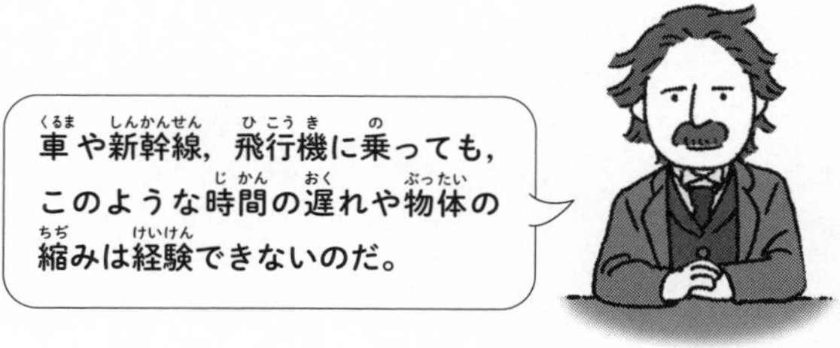

4 アリスから見《み》たボブ

宇宙空間《うちゅうくうかん》で静止《せいし》しているアリスから見《み》て，運動《うんどう》している宇宙船《うちゅうせん》の中《なか》にいるボブの時計《とけい》と宇宙船《うちゅうせん》の長《なが》さが，どのように見《み》えるかをあらわしました。宇宙船《うちゅうせん》の速度《そくど》が光速《こうそく》の60％の場合《ばあい》，光速《こうそく》の99％の場合《ばあい》，光速《こうそく》の99.9％の場合《ばあい》です。

1. 宇宙船《うちゅうせん》の速度《そくど》が光速《こうそく》の60％の場合《ばあい》

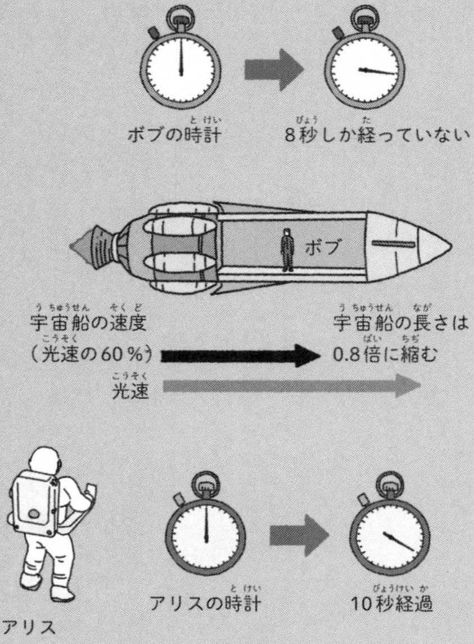

2. 宇宙船《うちゅうせん》の速度《そくど》が光速《こうそく》の99％の場合《ばあい》

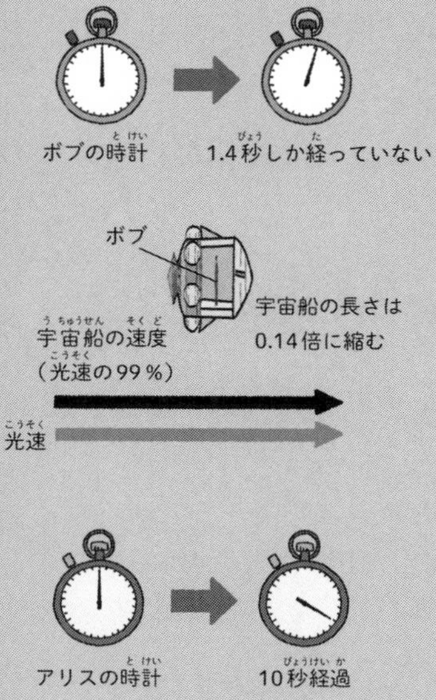

3. 宇宙船《うちゅうせん》の速度《そくど》が光速《こうそく》の99.9％の場合《ばあい》

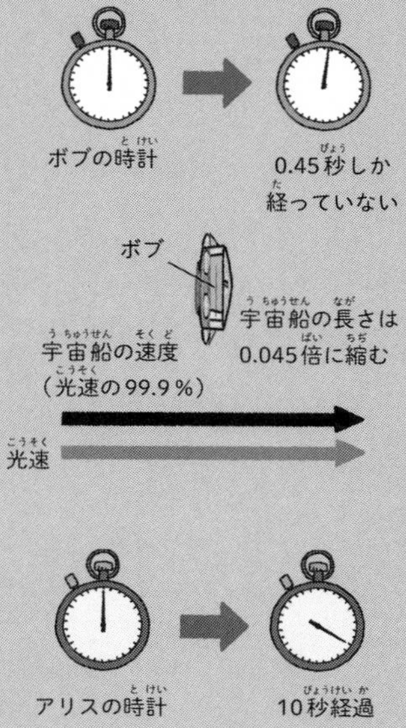

5 止《と》まっている人《ひと》も，時間《じかん》が遅《おく》れ，空間《くうかん》が短《みじか》くなる

ボブから見《み》ると，動《うご》いているのはアリス

前《まえ》のページの状況《じょうきょう》を，今度《こんど》は宇宙船《うちゅうせん》の中《なか》にいるボブの立場《たちば》で考《かんが》えてみましょう。

50～51ページでも見《み》たように，物体《ぶったい》の速度《そくど》は，見《み》る立場《たちば》によってかわります。宇宙船《うちゅうせん》の中《なか》のボブから見《み》ると，動《うご》いているのは宇宙空間《うちゅうくうかん》にいるアリスの方《ほう》であり，静止《せいし》しているのは自分《じぶん》と宇宙船《うちゅうせん》の方《ほう》なのです。そのため，ボブにとってみれば，時間《じかん》の流《なが》れも，身《み》のまわりの物体《ぶったい》の長《なが》さもふだんと何一《なにひと》つかわりません。

5 ボブから見《み》たアリス

宇宙船《うちゅうせん》の中《なか》にいるボブから見《み》て，宇宙空間《うちゅうくうかん》にいるアリスの時計《とけい》と体《からだ》が，どのように見《み》えるかをあらわしました。宇宙船《うちゅうせん》の速度《そくど》が，光速《こうそく》の99％の場合《ばあい》です。

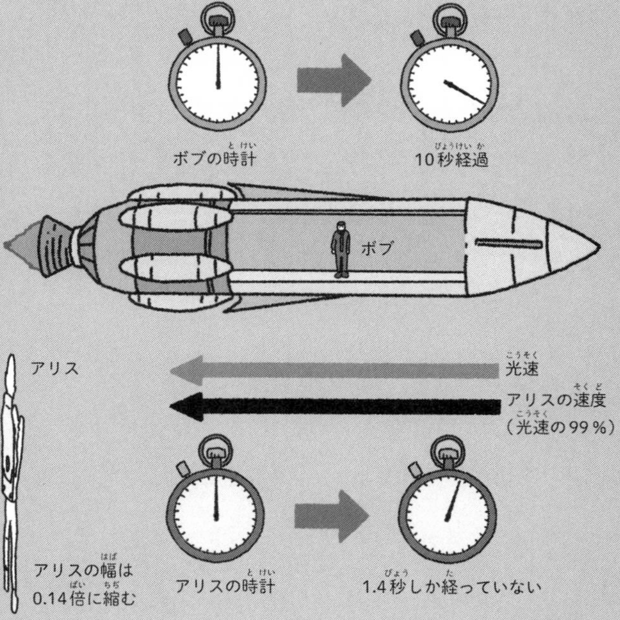

時間《じかん》の遅《おく》れと長《なが》さの縮《ちぢ》みは，おたがいさま

ボブから見《み》ると，動《うご》いているのは，アリスの方《ほう》です。ボブから見《み》れば，アリスのストップウォッチの進《すす》み方《かた》が遅《おそ》く見《み》え，アリスの体《からだ》が横方向《よこほうこう》に縮《ちぢ》んで見《み》えます。

時間《じかん》の遅《おく》れと長《なが》さの縮《ちぢ》みは，見《み》る立場《たちば》によってことなる，つまりおたがいさま（相対的《そうたいてき》）なのです。

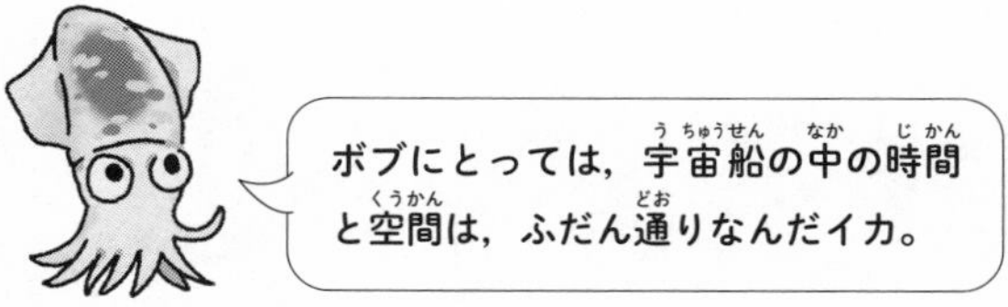

memo

6 空間《くうかん》が短《みじか》くなることを利用《りよう》すれば，どんな遠《とお》くにも行《い》ける

アンドロメダ銀河《ぎんが》に行《い》くことも可能《かのう》

私《わたし》たちが住《す》む天《あま》の川銀河《がわぎんが》から，となりのアンドロメダ銀河《ぎんが》までの距離《きょり》は約《やく》230万光年《まんこうねん》です。つまり光速《こうそく》で230万年《まんねん》もかかります。人間《にんげん》の寿命《じゅみょう》は100年程度《ねんていど》ですから，生涯《しょうがい》のうちにアンドロメダ銀河《ぎんが》まで到達《とうたつ》するのは不可能《ふかのう》に思《おも》えます。しかし，相対性理論《そうたいせいりろん》にもとづく空間《くうかん》の縮《ちぢ》みを利用《りよう》すれば，アンドロメダ銀河《ぎんが》に到達《とうたつ》することも可能《かのう》です。

原理的《げんりてき》には，どんな遠《とお》くにも行《い》ける

　光速《こうそく》に近《ちか》い速度《そくど》で進《すす》む宇宙船《うちゅうせん》がもしあれば，宇宙船《うちゅうせん》の中《なか》の人《ひと》にとっては外《そと》の空間《くうかん》が縮《ちぢ》むので，アンドロメダ銀河《ぎんが》までの230万光年《まんこうねん》という距離《きょり》も縮《ちぢ》みます。宇宙船《うちゅうせん》が十分《じゅうぶん》に速《はや》ければ，両者《りょうしゃ》の距離《きょり》が100光年未満《こうねんみまん》に縮《ちぢ》むこともありえます。生涯《しょうがい》の間《あいだ》にアンドロメダ銀河《ぎんが》に到達《とうたつ》することも，原理的《げんりてき》には不可能《ふかのう》ではないのです。

　それどころか，光速《こうそく》に限《かぎ》りなく近《ちか》づくことができれば，原理的《げんりてき》にはいくらでも遠《とお》くに到達《とうたつ》することが可能《かのう》です。光速《こうそく》に近《ちか》い速度《そくど》で進《すす》める宇宙船《うちゅうせん》の製造《せいぞう》は，非現実的《ひげんじつてき》です。しかし，少《すく》なくとも原理的《げんりてき》には，どんな遠《とお》くまでも到達《とうたつ》できるという事実《じじつ》は，おどろくべきことではないでしょうか。

6 宇宙船《うちゅうせん》の到達距離《とうたつきょり》

宇宙船《うちゅうせん》が光速《こうそく》に近《ちか》い速度《そくど》で進《すす》むと，宇宙船《うちゅうせん》の中《なか》の人《ひと》から見《み》て，まわりの空間《くうかん》が縮《ちぢ》みます。その結果《けっか》，宇宙船《うちゅうせん》の中《なか》の人《ひと》にとって短《みじか》い時間《じかん》で，はるか遠《とお》くの銀河《ぎんが》に到達《とうたつ》することが可能《かのう》です。

地球《ちきゅう》から見《み》た 宇宙船《うちゅうせん》の速《はや》さ	宇宙船《うちゅうせん》から見《み》た 空間《くうかん》の縮《ちぢ》み	宇宙船《うちゅうせん》が100年《ねん》で 到達可能《とうたつかのう》な距離《きょり》 （地球《ちきゅう》から見《み》た場合《ばあい》の距離《きょり》）
光速《こうそく》の99 %	元《もと》の長《なが》さの0.14倍《ばい》	約《やく》700光年《こうねん》
光速《こうそく》の99.9 %	元《もと》の長《なが》さの0.045倍《ばい》	約《やく》2200光年《こうねん》
光速《こうそく》の99.99 %	元《もと》の長《なが》さの0.014倍《ばい》	約《やく》7100光年《こうねん》
光速《こうそく》の99.999999 %	元《もと》の長《なが》さの0.00014倍《ばい》	約《やく》71万光年《まんこうねん》
光速《こうそく》の99.9999999999 %	元《もと》の長《なが》さの0.0000014倍《ばい》	約《やく》7100万光年《まんこうねん》

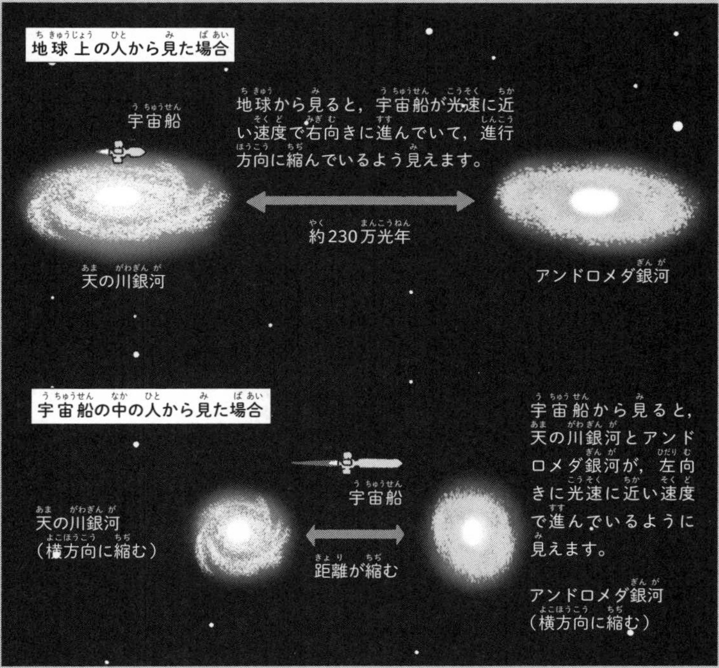
地球上《ちきゅうじょう》の人《ひと》から見《み》た場合《ばあい》
宇宙船《うちゅうせん》
地球《ちきゅう》から見《み》ると，宇宙船《うちゅうせん》が光速《こうそく》に近《ちか》い速度《そくど》で右向《みぎむ》きに進《すす》んでいて，進行方向《しんこうほうこう》に縮《ちぢ》んでいるよう見《み》えます。
約《やく》230万光年《まんこうねん》
天《あま》の川銀河《がわぎんが》
アンドロメダ銀河《ぎんが》
宇宙船《うちゅうせん》の中《なか》の人《ひと》から見《み》た場合《ばあい》
宇宙船《うちゅうせん》から見《み》ると，天《あま》の川銀河《がわぎんが》とアンドロメダ銀河《ぎんが》が，左向《ひだりむ》きに光速《こうそく》に近《ちか》い速度《そくど》で進《すす》んでいるように見《み》えます。
宇宙船《うちゅうせん》
天《あま》の川銀河《がわぎんが》
（横方向《よこほうこう》に縮《ちぢ》む）
距離《きょり》が縮《ちぢ》む
アンドロメダ銀河《ぎんが》
（横方向《よこほうこう》に縮《ちぢ》む）

チーターの速《はや》さの秘密《ひみつ》

地上最速《ちじょうさいそく》の動物《どうぶつ》チーター。**その速度《そくど》は，時速《じそく》110キロメートルにも達《たっ》します。**100メートル走《そう》のオリンピック選手《せんしゅ》の最高速度《さいこうそくど》は，時速《じそく》45キロメートルほどですから，チーターはその2倍以上《ばいいじょう》も速《はや》い計算《けいさん》です。チーターにねらわれたら，走《はし》って逃《に》げるのはむずかしそうです。

チーターの強《つよ》みは，単《たん》なる速《はや》さだけではありません。**加速《かそく》の速《はや》さもピカイチです。**止《と》まった状態《じょうたい》から，わずか3秒《びょう》ほどで時速《じそく》100キロメートルまで加《か》速《そく》できます。これは，スポーツカーにも匹敵《ひってき》します。また，急速《きゅうそく》な方向転換《ほうこうてんかん》や急減速《きゅうげんそく》もお手《て》のものです。

チーターは長《なが》い4本《ほん》の脚《あし》にくわえて，やわらかい背骨《せぼね》をもっています。走《はし》るときには，背骨《せぼね》を曲《ま》げた状態《じょうたい》から，一気《いっき》に背骨《せぼね》をのばすことで，全身《ぜんしん》をバネのように使《つか》います。こうすることで，走《はし》るための大《おお》きな力《ちから》を生《う》みだしているのです。走《はし》っているときの歩幅《ほはば》は，およそ7メートルにもなります。

7 光《ひかり》は，どちらの方向《ほうこう》にも同《おな》じ速《はや》さで進《すす》む

特殊相対性理論《とくしゅそうたいせいりろん》は，「同時《どうじ》」の常識《じょうしき》もくつがえした

ここまで，アインシュタインの特殊相対性理論《とくしゅそうたいせいりろん》によって説明《せつめい》される，時間《じかん》と空間《くうかん》が長《なが》くなったり短《みじか》くなったりすることについて紹介《しょうかい》してきました。しかし，くつがえされた常識《じょうしき》は，これだけではありません。特殊相対性理論《とくしゅそうたいせいりろん》は，「同時《どうじ》」についての常識《じょうしき》も，くつがえしたのです。

光《ひかり》は同時《どうじ》に左右《さゆう》の検出器《けんしゅつき》に到達《とうたつ》する

右《みぎ》ページのイラストを見《み》てください。光速《こうそく》に近《ちか》い速度《そくど》で右向《みぎむ》きに進《すす》む宇宙船内《うちゅうせんない》の中央《ちゅうおう》に光源《こうげん》があり，その左右《さゆう》の等距離《とうきょり》の位置《いち》に光《ひかり》の検出器《けんしゅつき》が

7 宇宙船《うちゅうせん》の中《なか》で見《み》た光《ひかり》の進《すす》み方《かた》

宇宙船《うちゅうせん》の中央《ちゅうおう》にいるボブの位置《いち》から，光《ひかり》が左右《さゆう》に放《はな》たれました。このとき，放《はな》たれた光《ひかり》はそれぞれ，左右《さゆう》にある検出器《けんしゅつき》に同時《どうじ》にたどりつきます。

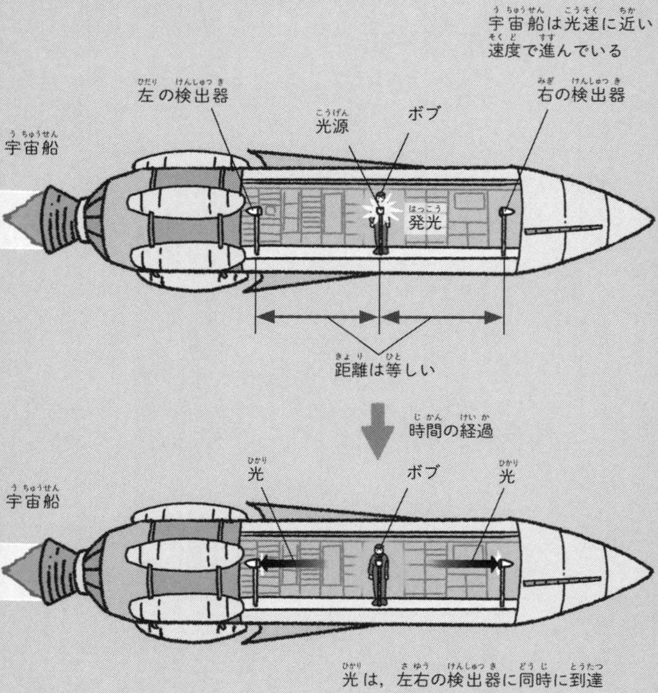

あります。宇宙船内《うちゅうせんない》の中央《ちゅうおう》にある光源《こうげん》から同時《どうじ》に左右《さゆう》に向《む》かって光《ひかり》が放《はな》たれました。**光速《こうそく》は方《ほう》向《こう》に関係《かんけい》なく，だれから見《み》ても一定《いってい》ですから，宇《う》宙船《ちゅうせん》の中《なか》のボブからすれば，左右《さゆう》の光《ひかり》は同時《どうじ》に左右《さゆう》の検出器《けんしゅつき》に到達《とうたつ》するはずです。**

では，光源《こうげん》から出《で》た光《ひかり》を，宇宙船《うちゅうせん》の外《そと》で静止《せいし》しているアリスから見《み》たら，どのように見《み》えるでしょうか。次《つぎ》のページで考《かんが》えてみましょう。

8 動《うご》く人《ひと》の同時《どうじ》は，止《と》まっている人《ひと》の同時《どうじ》ではない

アリスから見《み》ると，光《ひかり》は左《ひだり》の検出器《けんしゅつき》に先《さき》に到達《とうたつ》する

光速度不変《こうそくどふへん》の原理《げんり》を考《かんが》えると，宇宙空間《うちゅうくうかん》で静《せい》止《し》しているアリスから見《み》ても，光《ひかり》は左右《さゆう》に一定《いってい》の速度《そくど》で進《すす》むことになります。アリスから見《み》れば，宇宙船《うちゅうせん》は右向《みぎむ》きに進《すす》んでいるので，右側《みぎがわ》の検出器《けんしゅつき》は光《ひかり》から逃《に》げるように進《すす》み，左側《ひだりがわ》の検出《けんしゅつ》器《き》は光《ひかり》に向《む》かうように進《すす》みます。その結果《けっか》，光《ひかり》は左《ひだり》の検出器《けんしゅつき》に先《さき》に到達《とうたつ》し，右《みぎ》の検出器《けんしゅつき》には遅《おく》れて到達《とうたつ》することになります。

つまり，宇宙船《うちゅうせん》の中《なか》のボブから見《み》て同時《どうじ》だった二《ふた》つの光《ひかり》の到達《とうたつ》が，宇宙船《うちゅうせん》の外《そと》のアリスから見《み》ると，同時《どうじ》にはならないのです。

何《なに》が同時《どうじ》なのかは，見《み》る立場《たちば》によってことなる

何《なに》が同時《どうじ》なのかは，見《み》る立場《たちば》によって（運動速《うんどうそく》度《ど》によって），ことなります。これを，「同時《どうじ》の相対性《そうたいせい》」といいます。

ただし，同《おな》じ場所《ばしょ》で同時《どうじ》におきた二《ふた》つのできごとは，どんな観測者《かんそくしゃ》にとっても確実《かくじつ》に同時《どうじ》です。103ページの例《れい》でいえば，宇宙船《うちゅうせん》の中《なか》のボブから見《み》て，一《ひと》つの光源《こうげん》（同《おな》じ場所《ばしょ》）から左方向《ひだりほうこう》に光《ひかり》が出《で》たのと右方向《みぎほうこう》に光《ひかり》が出《で》たのが同時《どうじ》であれば，宇宙船《うちゅうせん》の外《そと》のアリスから見《み》ても左方向《ひだりほうこう》に光《ひかり》が出《で》たのと右方向《みぎほうこう》に光《ひかり》が出《で》たのは同時《どうじ》です。

結局《けっきょく》，「ことなる場所《ばしょ》でおきた二《ふた》つのできごとが同時《どうじ》かどうかは，見《み》る人《ひと》の立場《たちば》（速度《そくど》）によって意見《いけん》が分《わ》かれる」というのが，同時《どうじ》の相対性《そうたいせい》のより正確《せいかく》な説明《せつめい》なのだ。

8 宇宙船《うちゅうせん》の外《そと》で見《み》た光《ひかり》の進《すす》み方《かた》

宇宙船《うちゅうせん》の外《そと》にいるアリスから見《み》ると，宇宙船《うちゅうせん》は右《みぎ》に進《すす》んでいるので，光《ひかり》は左右《さゆう》の検出器《けんしゅつき》に同時《どうじ》には到《とう》着《ちゃく》しません。

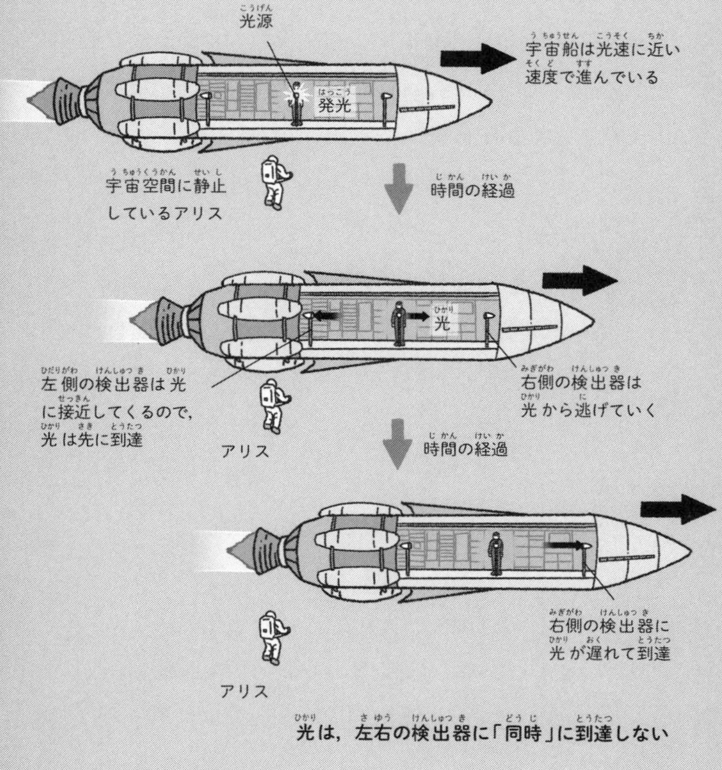

光《ひかり》は，左右《さゆう》の検出器《けんしゅつき》に「同時《どうじ》」に到達《とうたつ》しない

新幹線《しんかんせん》の中《なか》の，時間《じかん》は短《みじか》い？

特殊相対性理論《とくしゅそうたいせいりろん》によると，高速《こうそく》で移動《いどう》するほど，時間《じかん》が遅《おく》れ，空間《くうかん》が縮《ちぢ》みます。それでは，高速《こうそく》で走《はし》る新幹線《しんかんせん》の中《なか》でも，時間《じかん》が遅《おく》れたり，空間《くうかん》が縮《ちぢ》んだりするのでしょうか。

新幹線《しんかんせん》の速度《そくど》を時速《じそく》200キロメートルとします。**この速度《そくど》を元《もと》に計算《けいさん》を行《おこな》うと，新幹線《しんかんせん》の中《なか》にいる人《ひと》の時計《とけい》は，駅《えき》のホームで静止《せいし》している人《ひと》の時計《とけい》にくらべて，1秒《びょう》あたり100兆分《ちょうぶん》の2秒《びょう》ほど遅《おく》れます。**また，時速《じそく》200キロメートルで走行《そうこう》している新幹線《しんかんせん》の長《なが》さは，駅《えき》のホームに停車《ていしゃ》している新幹線《しんかんせん》にくらべて，100兆分《ちょうぶん》の2ほど縮《ちぢ》みます。

新幹線《しんかんせん》の速度《そくど》は，光《ひかり》の速《はや》さ（秒速《びょうそく》30万《まん》キロメートル）にくらべてずっと小《ちい》さいため，時間《じかん》の遅《おく》れや，空間《くうかん》のちぢみはあまりにも小《ちい》さいです。**駅《えき》のホーム**

にいる人《ひと》が，通過《つうか》する新幹線《しんかんせん》が縮《ちぢ》んでいることに気《き》づくことは，残念《ざんねん》ながらできないようです。

9 高速《こうそく》で移動《いどう》する物体《ぶったい》の質量《しつりょう》は大《おお》きくなる

エネルギーをあたえても，電子《でんし》は光速《こうそく》にならない

ここからは，特殊相対性理論《とくしゅそうたいせいりろん》から導《みちび》かれる，物体《ぶったい》の質量《しつりょう》の性質《せいしつ》についてみていきます。

止《と》まった電子《でんし》にエネルギーEをあたえて，光《こう》速《そく》の86.6％まで加速《かそく》したとします（110ページのイラスト1）。特殊相対性理論《とくしゅそうたいせいりろん》の計算《けいさん》によると，さらに同《おな》じエネルギーEを加《くわ》えても，光速《こうそく》の7.7％分《ぶん》しか加速《かそく》できません（111ページのイラスト2）。**さらにエネルギーEをあたえていっても加速量《かそくりょう》は光速《こうそく》の2.5％（111ページのイラスト3），1.2％と減《へ》りつづけ，電子《でんし》は光速《こうそく》に到達《とうたつ》できません。**加速《かそく》に使《つか》われなかったエネルギーは，どこに消《き》えたのでしょうか。

電子《でんし》の質量《しつりょう》がふえて，力《ちから》の効果《こうか》を打《う》ち消《け》している

加速《かそく》する量《りょう》は，加《くわ》える力《ちから》が大《おお》きいほど大《おお》きく，質量《しつりょう》が大《おお》きいほど小《ちい》さくなります。左《ひだり》ページの例《れい》で，エネルギーをつぎこむことは，電子《でんし》に力《ちから》を加《くわ》えつづけることに相当《そうとう》します。力《ちから》を加《くわ》えているのにたいして加速《かそく》しないのは，電子《でんし》の質量《しつりょう》がふえて，力《ちから》の効果《こうか》を打《う》ち消《け》しているからです。

特殊相対性理論《とくしゅそうたいせいりろん》によると，物体《ぶったい》は光速《こうそく》に近《ちか》づくほど加速《かそく》しにくくなる，すなわち質量《しつりょう》がふえます。光速《こうそく》に近《ちか》づけば近《ちか》づくほど，質量《しつりょう》は無限大《むげんだい》へとふえていくのです。

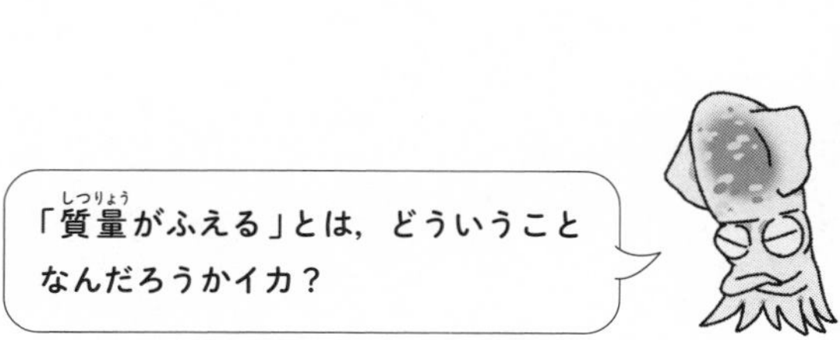

9 電子《でんし》を加速《かそく》する実験《じっけん》

静止《せいし》した電子《でんし》にエネルギーをあたえて，加速《かそく》させます。あたえるエネルギーを2倍《ばい》，3倍《ばい》にしても，速度《そくど》は2倍《ばい》，3倍《ばい》になりません。光速《こうそく》に近《ちか》づくにつれて，質量《しつりょう》が大《おお》きくなるためです。

1. 静止《せいし》した電子《でんし》にエネルギー E をあたえる

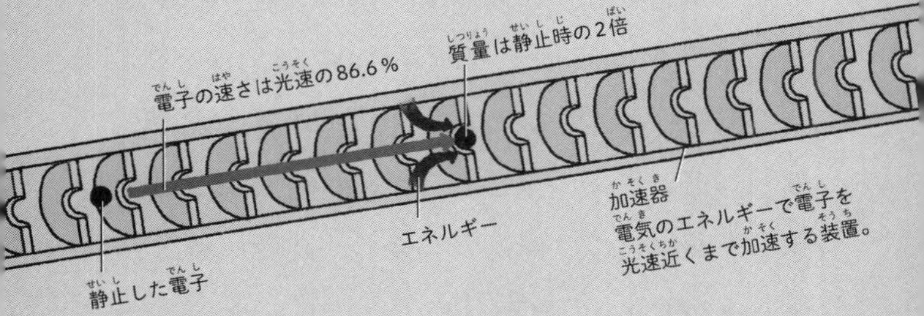

2. 総投入《そうとうにゅう》エネルギー 2*E*

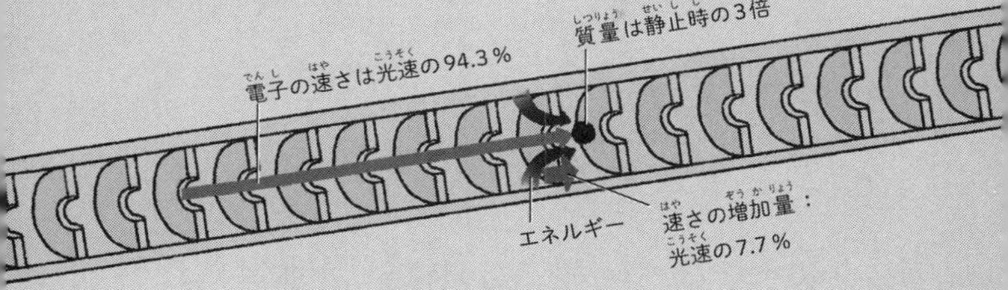

3. 総投入《そうとうにゅう》エネルギー 3*E*

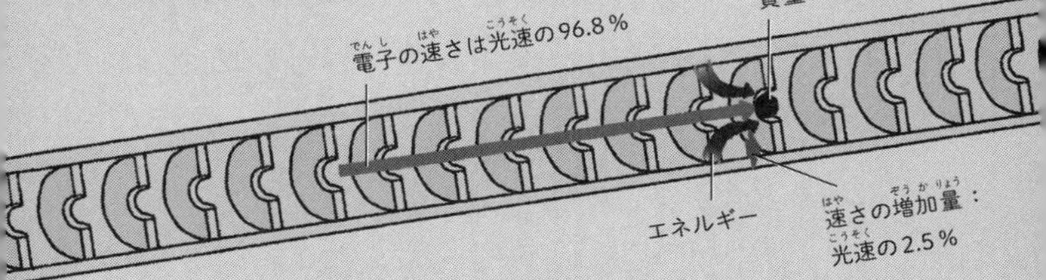

10 質量《しつりょう》は，ものの動《うご》きにくさをあらわしている

物体《ぶったい》の質量《しつりょう》は，どこでもかわらない

108～111ページでは，物体《ぶったい》を光速近《こうそくちか》くまで加速《かそく》すると，質量《しつりょう》がふえることを見《み》ました。ここでは，そもそも質量《しつりょう》とは何《なん》なのか考《かんが》えてみます。

質量《しつりょう》と重《おも》さ（重量《じゅうりょう》）は，実《じつ》はちがうものです。物体《ぶったい》の重《おも》さは重力《じゅうりょく》が弱《よわ》い月《つき》に行《い》けば約《やく》6分《ぶん》の1になりますし，軌道上《きどうじょう》の宇宙《うちゅう》ステーションの中《なか》ならゼロになります。

一方《いっぽう》，質量《しつりょう》は，物体《ぶったい》をどこに持《も》っていこうがかわりません。**質量《しつりょう》とは，物体《ぶったい》の動《うご》かしにくさの度合《どあ》いといえます。**

質量《しつりょう》の大《おお》きい鉛《なまり》の球《たま》は，動《うご》かしづらい

　114～115ページのイラストを見《み》てください。ビリヤード台《だい》の上《うえ》に，質量《しつりょう》の大《おお》きな鉛《なまり》の球《たま》がまぎれこんでいたとします。多《おお》くの球《たま》の中《なか》から，球《たま》を持《も》ち上《あ》げることなく鉛《なまり》の球《たま》をみつけるには，どうすればよいでしょうか。

　鉛《なまり》の球《たま》をみつけるには，手球《てだま》をすべての球《たま》に順番《じゅんばん》にぶつけて，一《ひと》つ一《ひと》つの球《たま》の動《うご》きを観察《かんさつ》すればよいでしょう。手球《てだま》をぶつけると，質量《しつりょう》が小《ち》さいビリヤードの球《たま》は，勢《いきお》いよくはじけ飛《と》びます（A）。一方《いっぽう》，質量《しつりょう》の大《おお》きい鉛《なまり》の球《たま》は，手球《てだま》がぶつかっても大《おお》きくは動《うご》きません（B）。このように，質量《しつりょう》が大《おお》きい物体《ぶったい》ほど動《うご》かしづらいのです。

10 ビリヤードの球《たま》と鉛《なまり》の球《たま》

ビリヤードで，手球《てだま》を普通《ふつう》のビリヤードの球《たま》にぶつけたとき（A）と，手球《てだま》を鉛《なまり》の球《たま》にぶつけたとき（B）のようすです。鉛《なまり》の球《たま》は，質量《しつりょう》が大《おお》きいため，大《おお》きくは動《うご》きません。

A. 手球《てだま》を普通《ふつう》のビリヤードの球《たま》にぶつけたとき

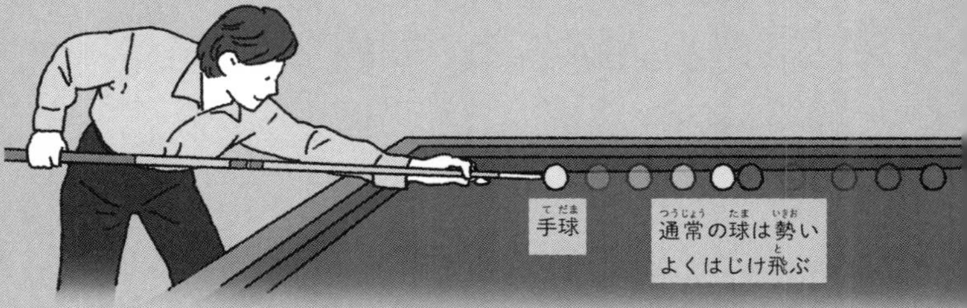

B. 手球《てだま》を鉛《なまり》の球《たま》にぶつけたとき

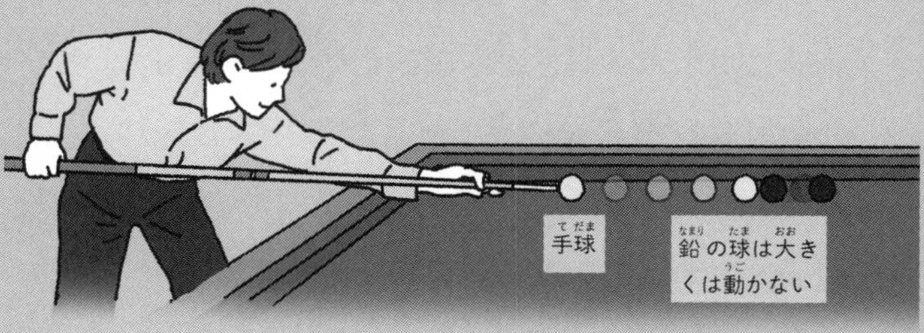

11 質量《しつりょう》はエネルギーに，エネルギーは質量《しつりょう》に変化《へんか》する

速《はや》さではなく質量《しつりょう》の形《かたち》でエネルギーをためこむ

108～109ページでみたように，光速《こうそく》に近《ちか》い物体《ぶったい》にエネルギーを加《くわ》えると，大《たい》して加速《かそく》しないかわりに，質量《しつりょう》がふえます。特殊相対性理論《とくしゅそうたいせいりろん》によると，このとき物体《ぶったい》にあたえたエネルギーは，質量《しつりょう》にかわったのだといいます。

118～119ページのイラストを見《み》てください。二《ふた》つの電子《でんし》A，Bにエネルギーをあたえて，電子《でんし》Aは光速《こうそく》の99％まで，電子《でんし》Bは光速《こうそく》の99.9％まで加速《かそく》させました。二《ふた》つの電子《でんし》を壁《かべ》にぶつけると，電子《でんし》Bの衝撃《しょうげき》のエネルギーは電子《でんし》Aの約《やく》3.5倍《ばい》になります。つまり，電子《でんし》Bは速《はや》さではなく質《しつ》量《りょう》として，電子《でんし》Aよりも多《おお》くのエネルギーをためこんでいたのです。

ウランの質量《しつりょう》の減少分《げんしょうぶん》が電気《でんき》エネルギーとなる

　左《ひだり》ページの例《れい》とは逆《ぎゃく》の例《れい》もあります。原子力《げんしりょく》発電所《はつでんしょ》でおきている，ウランの核分裂反応《かくぶんれつはんのう》です。この反応《はんのう》の前後《ぜんご》では，ごくわずかに質量《しつりょう》が減少《げんしょう》します。この質量《しつりょう》の減少分《げんしょうぶん》が，電気《でんき》エネルギーに変換《へんかん》されているのです。

　このように，エネルギーは質量《しつりょう》に，質量《しつりょう》はエネルギーに変化《へんか》できます。つまり，「質量《しつりょう》とエネルギーは同《おな》じもの」といえるのです。

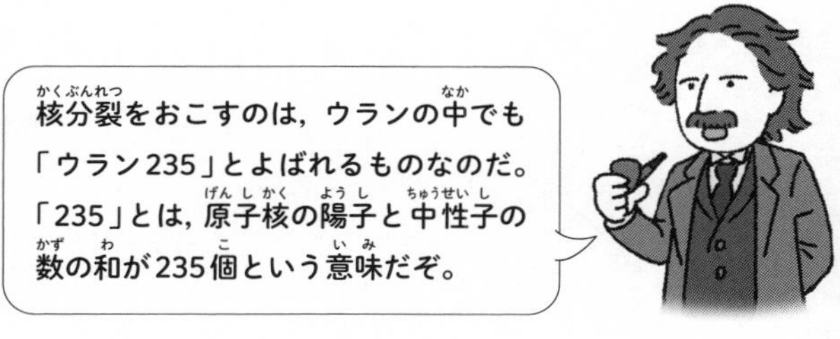

11 電子《でんし》を壁《かべ》にぶつける実験《じっけん》

電子《でんし》Aと電子《でんし》Bにエネルギーをあたえて，それぞれ光速《こうそく》の99%と99.9%まで加速《かそく》しました。速度《そくど》はあまりかわらないものの，両者《りょうしゃ》を壁《かべ》にぶつけると，衝撃《しょうげき》のエネルギーには大《おお》きな差《さ》が出《で》ます。電子《でんし》Bには，電子《でんし》Aよりも多《おお》くのエネルギーが，質量《しつりょう》としてたくわえられていたのです。

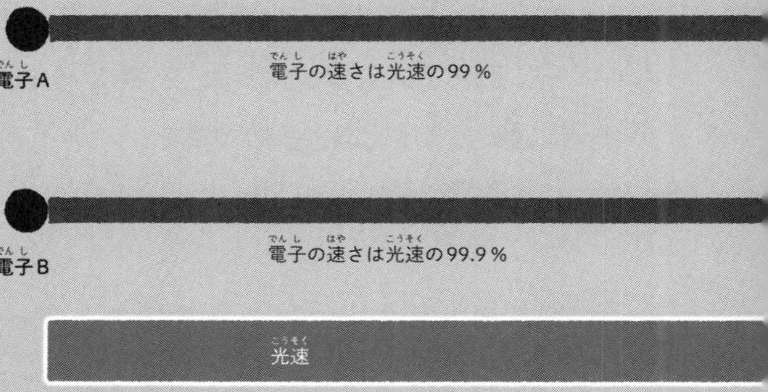

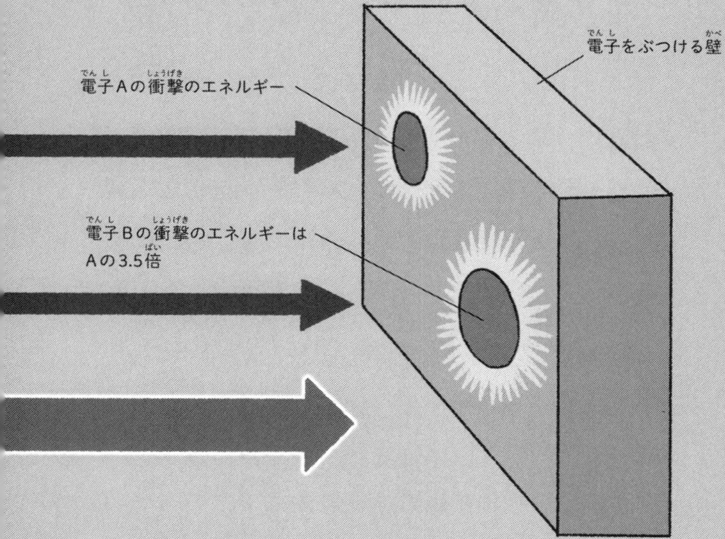
電子《でんし》をぶつける壁《かべ》
電子《でんし》Aの衝撃《しょうげき》のエネルギー
電子《でんし》Bの衝撃《しょうげき》のエネルギーは
Aの3.5倍《ばい》

12 質量《しつりょう》とエネルギーを結《むす》びつける「$E=mc^2$」

光速《こうそく》の２乗《じょう》は，エネルギーと質量《しつりょう》をつなぐかけ橋《はし》

前《まえ》のページでは，「質量《しつりょう》とエネルギーは同《おな》じもの」ということをみました。この関係《かんけい》を数式《すうしき》であらわしたのが，特殊《とくしゅ》相対性《そうたいせい》理論《りろん》の有名《ゆうめい》な公式《こうしき》「$E=mc^2$」（Eはエネルギー，mは質量《しつりょう》，cは光速《こうそく》）です。

エネルギーと質量《しつりょう》は，長《なが》い科学《かがく》の歴史《れきし》の中《なか》で，別々《べつべつ》のものとしてあつかわれてきました。「$E=mc^2$」の公式《こうしき》の中《なか》のc^2は，歴史的《れきしてき》に別々《べつべつ》にあつかわれてきたエネルギーEと質量《しつりょう》mの両者《りょうしゃ》をつなぐ，かけ橋《はし》の役割《やくわり》を果《は》たしているのです。

12 静止物《せいしぶつ》もエネルギーがある

$E = mc^2$は，静止《せいし》している物体《ぶったい》がもつエネルギーをあらわしたものといえます。物体《ぶったい》は運動《うんどう》をしていなくても，質量《しつりょう》をもつだけでエネルギーを秘《ひ》めていることが明《あき》らかになったのです。

小《ちい》さな質量《しつりょう》でも，膨大《ぼうだい》なエネルギーにかわる

計算例《けいさんれい》を紹介《しょうかい》しましょう。原子力発電《げんしりょくはつでん》で，ウランの核分裂反応《かくぶんれつはんのう》によって10グラム（0.01キログラム）の質量《しつりょう》がエネルギーにかわったとします。$E=mc^2$ですから，エネルギーEは0.01 × 30万《まん》 × 1000 × 30万《まん》 × 1000※で計算《けいさん》でき，エネルギーEは900兆《ちょう》ジュールとなります。これは，クフ王《おう》のピラミッド1杯分《ぱいぶん》（約《やく》260万立方《まんりっぽう》メートル）の20℃の水《みず》を，100℃にするエネルギーにおおよそ相当《そうとう》します。

このように，$E=mc^2$におけるc^2は，小《ちい》さな質《しつ》量《りょう》でも膨大《ぼうだい》なエネルギーにかわれるということを意味《いみ》する数《かず》ともいえます。

※：ここでは長《なが》さの単位《たんい》をメートルで統一《とういつ》しなければなりません。光速《こうそく》は秒速《びょうそく》30万《まん》キロメートルです。ここでは単位《たんい》をメートルに直《なお》すために1000をかける必要《ひつよう》があります。計《けい》算式《さんしき》の中《なか》の30万《まん》×1000の部分《ぶぶん》が光速《こうそく》cです。

13 宇宙《うちゅう》は，$E=mc^2$で はじまった

宇宙《うちゅう》がはじまったとき，物質《ぶっしつ》はなかった

「$E=mc^2$」は，エネルギーから質量《しつりょう》への変換《へんかん》が可能《かのう》であることを物語《ものがた》っています。**そして，エネルギーから質量《しつりょう》への変換《へんかん》こそが，宇宙《うちゅう》の最初《さいしょ》の事件《じけん》だったかもしれないといいます。**

宇宙《うちゅう》がはじまったとき，そこには物質《ぶっしつ》とよべるものは何《なに》もありませんでした。宇宙《うちゅう》はただの真空《しんくう》であり，そこを正体不明《しょうたいふめい》のエネルギーが満《み》たしていたといいます。このエネルギーは，宇《う》宙《ちゅう》そのものを急激《きゅうげき》な速度《そくど》で膨張《ぼうちょう》させました。この急膨張《きゅうぼうちょう》は，「インフレーション」とよばれるものです。

宇宙《うちゅう》を急膨張《きゅうぼうちょう》させていたエネルギーが，質量《しつりょう》に変化《へんか》

ところがインフレーションは，突然《とつぜん》終《お》わりをつげました。**そして宇宙《うちゅう》を急激《きゅうげき》に膨張《ぼうちょう》させていたエネルギーが，$E=mc^2$によって，質量《しつりょう》へと姿《すがた》をかえました。こうして，宇宙《うちゅう》に物質《ぶっしつ》が生《う》まれたのです。**これがビッグバンです。

ビッグバンによって生《う》まれた物質《ぶっしつ》は，その後《ご》138億年《おくねん》の宇宙《うちゅう》の歴史《れきし》を経《へ》て，現在《げんざい》の地球《ちきゅう》や私《わたし》たちの体《からだ》となりました。アインシュタインの関《かん》係式《けいしき》は，私《わたし》たちがどこからきたのかをも，説明《せつめい》しようとしているのです。

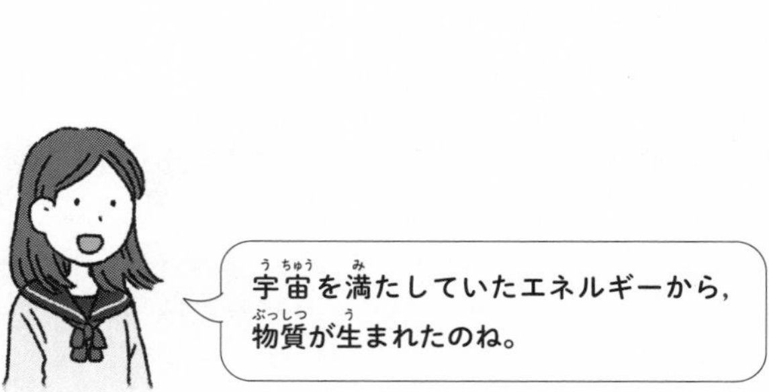

13 物質《ぶっしつ》の誕生《たんじょう》と $E=mc^2$

宇宙《うちゅう》のごく初期《しょき》には物質《ぶっしつ》が存在《そんざい》せず，エネルギーだけが宇宙《うちゅう》を満《み》たしていた時代《じだい》があったといいます。あるとき，$E=mc^2$ によってエネルギーから質量《しつりょう》をもつ粒子《りゅうし》（物質《ぶっしつ》）が生《う》まれました。宇宙《うちゅう》の温度《おんど》が冷《ひ》えるにつれ，粒子《りゅうし》は徐々《じょじょ》に集《あつ》まり，原子《げんし》などの構造《こうぞう》がつくられたと考《かんが》えられています。

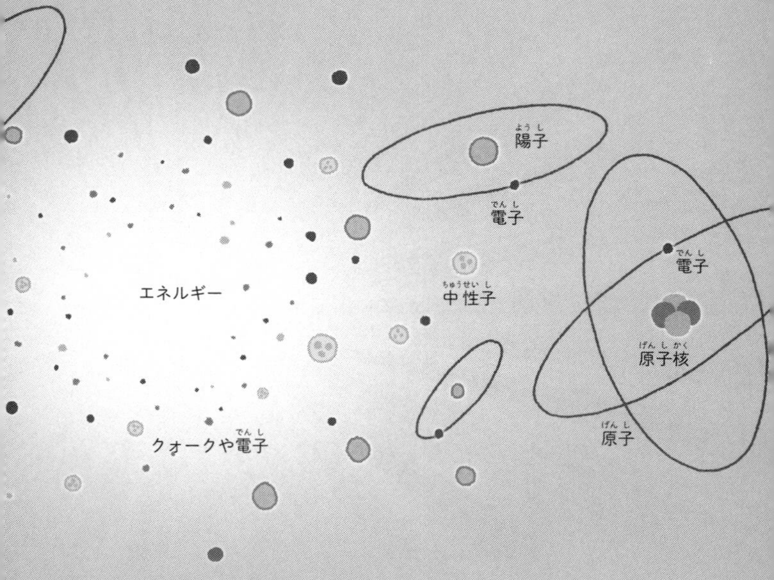

1メートルの決《き》め方《かた》

長《なが》さの単位《たんい》は，メートルじゃな。1メートルの長《なが》さがどうやって決《き》まっているか，知《し》っとるかね。

ええっ，考《かんが》えたこともなかったです。

かつては，地球《ちきゅう》の北極《ほっきょく》から赤道《せきどう》までの子午《しご》線《せん》の長《なが》さの1000万分《まんぶん》の1と決《き》められておった。そして17世紀末《せいきまつ》には，1メートルの基《き》準《じゅん》となる「メートル原器《げんき》」というものが，各《かっ》国《こく》に配《くば》られたんじゃ

今《いま》の決《き》め方《かた》はちがうんですか。

現在《げんざい》の1メートルの定義《ていぎ》は，「真空中《しんくうちゅう》で，光《ひかり》が1秒間《びょうかん》に進《すす》む距離《きょり》の2億《おく》9979万《まん》2458分《ぶん》の1」となっておる。

長《なが》さの単位《たんい》は，光《ひかり》が基準《きじゅん》になっているんですね！　でも，どうしてそんなに中途半端《ちゅうとはんぱ》な数字《すうじ》なんですか。

それは，以前《いぜん》の定義《ていぎ》とつじつまを合《あ》わせるためじゃ。

ええーっ！

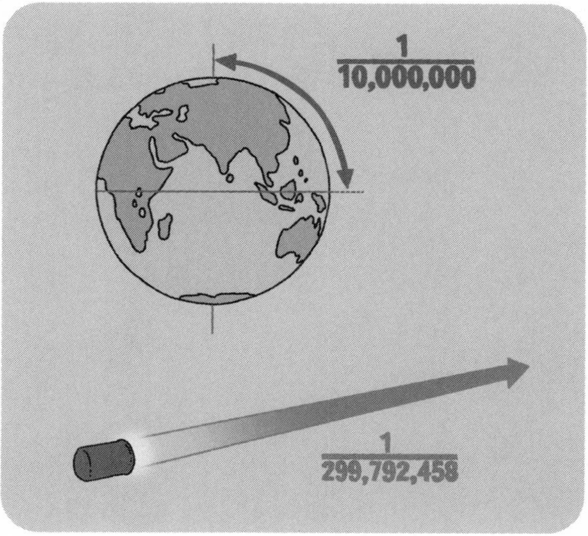

memo

第《だい》3章《しょう》

一般相対性理論《いっぱんそうたいせいりろん》：重力《じゅうりょく》の新理論《しんりろん》

特殊《とくしゅ》相対性《そうたいせい》理論《りろん》の発表《はっぴょう》から10年後《ねんご》，アインシュタインは理論《りろん》を進化《しんか》させた「一般相《いっぱんそう》対性《たいせい》理論《りろん》」を完成《かんせい》させました。一般相対性《いっぱんそうたいせい》理論《りろん》は，重力《じゅうりょく》の正体《しょうたい》にせまる新理論《しんりろん》です。第《だい》3章《しょう》では，一般相対性《いっぱんそうたいせい》理論《りろん》について紹介《しょうかい》します。

1 ニュートンが考《かんが》えた，万有引力《ばんゆういんりょく》

万物《ばんぶつ》は，質量《しつりょう》と距離《きょり》に応《おう》じた万有引力《ばんゆういんりょく》で引《ひ》き合《あ》う

アインシュタイン以前《いぜん》，重力《じゅうりょく》は，アイザック・ニュートンの万有引力《ばんゆういんりょく》の法則《ほうそく》によって説明《せつめい》されてきました。**この法則《ほうそく》は，「すべての物体《ぶったい》は，その質量《しつりょう》と距離《きょり》に応《おう》じた大《おお》きさの万有引力《ばんゆういんりょく》で引《ひ》き合《あ》う」というものです。**

リンゴが地面《じめん》に落《お》ちるのは，地球《ちきゅう》がリンゴを万有引力《ばんゆういんりょく》でひっぱっているからというのです。しかしニュートンは，なぜ万有引力《ばんゆういんりょく》が生《しょう》じるかは説明《せつめい》しませんでした。

1 万有引力《ばんゆういんりょく》の法則《ほうそく》

ニュートンは，質量《しつりょう》をもつものは，すべて万有引力《ばんゆういんりょく》で引《ひ》き合《あ》うと考《かんが》えました。そして，はなれていても，万有引力《ばんゆういんりょく》は瞬時《しゅんじ》にはたらく（速度《そくど》が無限大《むげんだい》で伝《つた》わる）とされました。

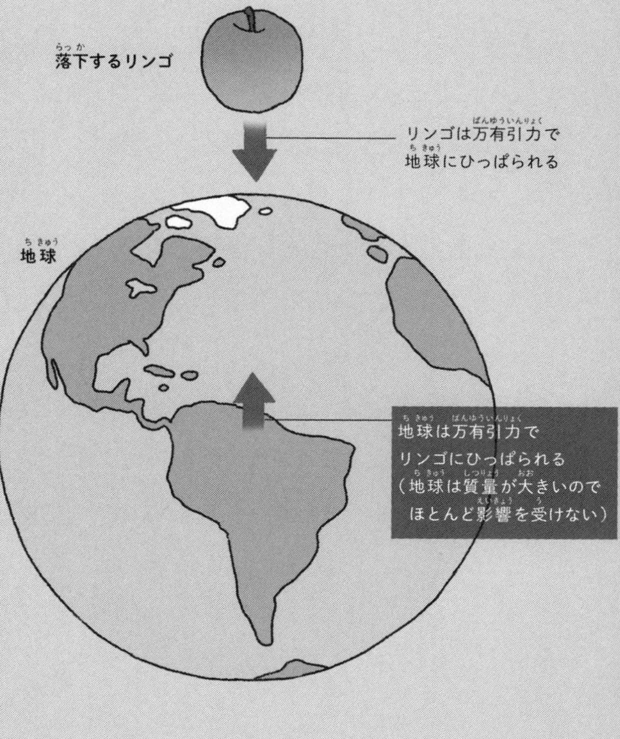

万有引力《ばんゆういんりょく》の法則《ほうそく》は，特殊相対性理論《とくしゅそうたいせいりろん》と矛盾《むじゅん》

万有引力《ばんゆういんりょく》は，距離《きょり》がはなれていても瞬時《しゅんじ》にはたらく（伝《つた》わる速度《そくど》が無限大《むげんだい》ではたらく）と考《かんが》えられていました。これは，特殊相対性理論《とくしゅそうたいせいりろん》にもとづく「光《ひかり》の速度《そくど》は有限《ゆうげん》で，光速《こうそく》よりも速《はや》く進《すす》むものはない」という考《かんが》えに矛盾《むじゅん》します。またそのほかにも，万有引力《ばんゆういんりょく》の法則《ほうそく》による計算結果《けいさんけっか》と観測《かんそく》結果《けっか》に微妙《びみょう》な食《く》いちがいがあらわれるなど，万《ばん》有引力《ゆういんりょく》の法則《ほうそく》にはほころびが見《み》えはじめていました。

そこでアインシュタインは，特殊相対性理論《とくしゅそうたいせいりろん》を発展《はってん》させて，重力《じゅうりょく》の理論《りろん》を完成《かんせい》させたいと考《かんが》えました。こうして特殊相対性理論《とくしゅそうたいせいりろん》から10年後《ねんご》，「一般相対性理論《いっぱんそうたいせいりろん》」が完成《かんせい》したのです。

2 アインシュタインは，重力《じゅうりょく》を時間《じかん》と空間《くうかん》のゆがみだと考《かんが》えた

ゆがんだ時空《じくう》は，“鉛玉《なまりだま》を置《お》いたゴムのシート”

一般相対性理論《いっぱんそうたいせいりろん》は，重力《じゅうりょく》の正体《しょうたい》を「時空《じくう》のゆがみ」だと説明《せつめい》します。時空《じくう》とは，時間《じかん》と空間《くうかん》をあわせて指《さ》す，物理学《ぶつりがく》の言葉《ことば》です。重力源《じゅうりょくげん》を中心《ちゅうしん》に，まるでくぼみに物《もの》が落《お》ちて行《い》くように，重力源《じゅうりょくげん》に引《ひ》き寄《よ》せられるというのです。

137ページのイラスト1を見《み》てください。二《ふた》つの天体《てんたい》は，それぞれ周囲《しゅうい》の時空《じくう》をゆがめています。ゆがんだ時空《じくう》は，鉛球《なまりだま》をおいたゴムのシートのようなものといえます。本物《ほんもの》のゴムのシートに二《ふた》つの鉛球《なまりだま》を少《すこ》しはなしておくと，ゴムのシートがのびて曲《ま》がり，鉛球《なまりだま》は近《ちか》づくでしょう。

同《おな》じように，重力《じゅうりょく》とは，時空《じくう》のゆがみが引《ひ》きおこす現象《げんしょう》なのです。時空《じくう》のゆがみは，質量《しつりょう》が

大《おお》きいほど大《おお》きくなります。質量《しつりょう》が時空《じくう》をゆがませ，時空《じくう》のゆがみが重力《じゅうりょく》を引《ひ》きおこすのです。

惑星《わくせい》は，時空《じくう》のゆがみの影響《えいきょう》で，公転《こうてん》している

右《みぎ》ページのイラスト2を見《み》てください。太陽《たいよう》の大《おお》きな質量《しつりょう》により周囲《しゅうい》の時空《じくう》がゆがんでいます。太陽系《たいようけい》の惑星《わくせい》は，この時空《じくう》のゆがみの影響《えいきょう》で，太陽《たいよう》のまわりを公転《こうてん》するのです。これは，すり鉢《ばち》状《じょう》のくぼみにビー玉《だま》を投《な》げ入《い》れたときに，ビー玉《だま》が斜面《しゃめん》をまわるのに似《に》ています。

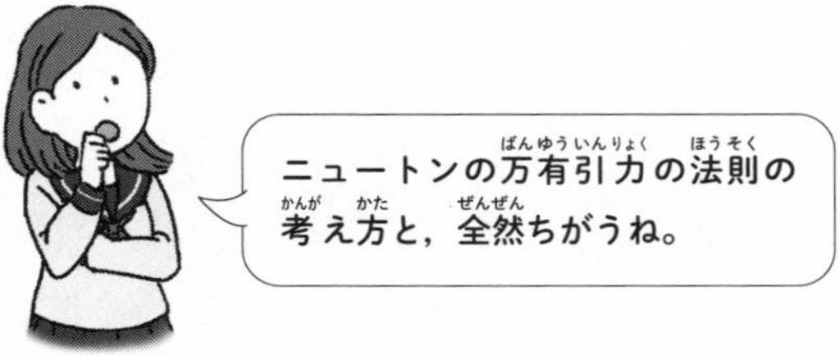

2 一般相対性理論《いっぱんそうたいせいりろん》による重力《じゅうりょく》

アインシュタインは，時空《じくう》のゆがみが重力《じゅうりょく》を引《ひ》きおこすと考《かんが》えました。太陽系《たいようけい》の惑星《わくせい》の公転《こうてん》も，時空《じくう》のゆがみの影響《えいきょう》だといいます。ニュートンの万有引力《ばんゆういんりょく》の法則《ほうそく》とは，ことなるのです。

1. 質量《しつりょう》をもつ天体《てんたい》の近《ちか》くでゆがむ時空《じくう》

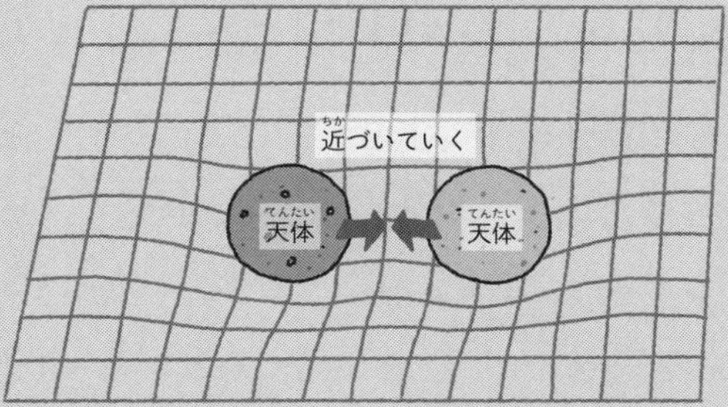

2. 太陽《たいよう》がつくる時空《じくう》のゆがみの影響《えいきょう》を受《う》けて公転《こうてん》する地球《ちきゅう》

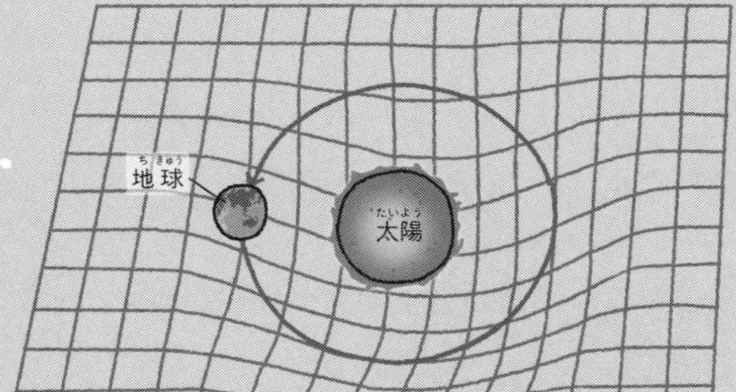

3 光《ひかり》が曲《ま》がって，時空《じくう》のゆがみが証明《しょうめい》された！

時空《じくう》のゆがみを実証《じっしょう》することは可能《かのう》

一般相対性理論《いっぱんそうたいせいりろん》によると，私《わたし》たちの住《す》む時空《じくう》も，質量《しつりょう》の大《おお》きい物体《ぶったい》のそばほど大《おお》きくゆがんでしまうといいます。時空《じくう》のゆがみを実感《じっかん》することはできませんし，正確《せいかく》に絵《え》にすることもできません。しかし光《ひかり》を利用《りよう》すれば，時空《じくう》のゆがみを実験《じっけん》や観測《かんそく》によって実証《じっしょう》することは可能《かのう》です。

時空《じくう》のゆがみに沿《そ》って，光《ひかり》の進路《しんろ》が曲《ま》がる

時空《じくう》がゆがんでいなければ，星《ほし》からの光《ひかり》は，地球《ちきゅう》に向《む》かってまっすぐ届《とど》きます（140ページのイラスト1）。

では，星《ほし》からの光《ひかり》の経路《けいろ》の間《あいだ》に太陽《たいよう》が割《わ》りこんできたらどうなるでしょうか。**太陽《たいよう》のそばの時《じ》空《くう》はわずかにゆがんでいるので，そのゆがみに沿《そ》って光《ひかり》の進路《しんろ》も曲《ま》がってしまうのです（141ページのイラスト2）。**私《わたし》たちは，光《ひかり》はまっすぐやってきているはずと判断《はんだん》しますから，天体《てんたい》のみかけの位置《いち》がずれてしまいます。

実際《じっさい》，このような天体《てんたい》のみかけの位置《いち》のずれが，1919年《ねん》にイギリスのアーサー・エディントン（1882～1944）ひきいる観測隊《かんそくたい》によって確《たし》かめられ，一般相対性理論《いっぱんそうたいせいりろん》の正《ただ》しさが実証《じっしょう》されました。位置《いち》のずれの大《おお》きさは，一般相対性理論《いっぱんそうたいせいりろん》の予測《よそく》の通《とお》りだったのです。

3 太陽《たいよう》のそばで曲《ま》がる光《ひかり》

時空《じくう》がゆがんでいなければ光《ひかり》はまっすぐ届《とど》きます(1)。太陽《たいよう》の質量《しつりょう》の影響《えいきょう》で時空《じくう》がゆがむと，光《ひかり》はゆがみにそって，曲《ま》がって進《すす》みます(2)。

**1. ゆがんでいない時空《じくう》なら，
星《ほし》からの光《ひかり》はまっすぐ届《とど》きます**

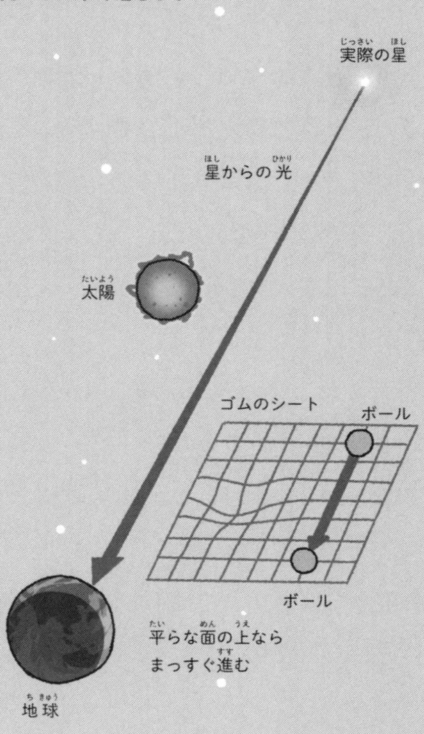

2. 途中《とちゅう》で時空《じくう》がゆがんでいると,
星《ほし》のみかけの位置《いち》がずれてしまいます

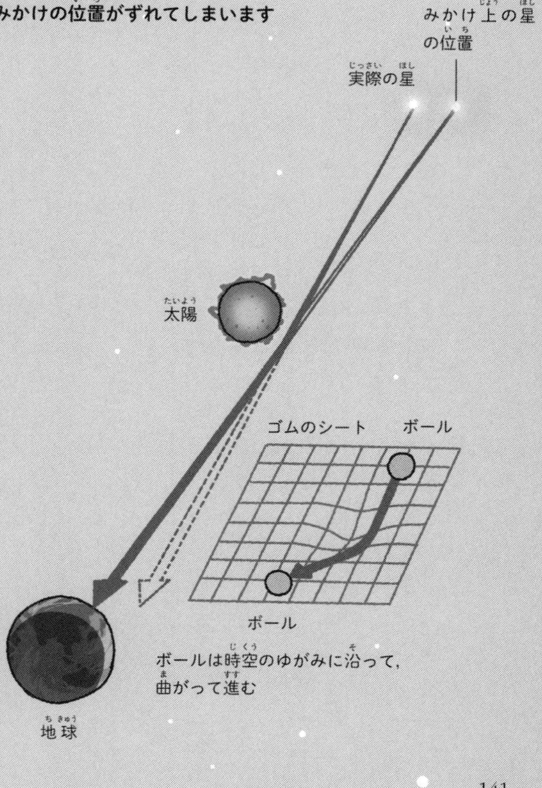

博士《はかせ》！教《おし》えて!!

人《ひと》も時空《じくう》をゆがめているの？

博士《はかせ》，一般相対性理論《いっぱんそうたいせいりろん》によると，質量《しつりょう》をもつすべての物体《ぶったい》のまわりの時空《じくう》は，ゆがむんですよね？　僕《ぼく》のまわりでも，時空《じくう》はゆがんでいるんですか？

うむ。ゆがんでおるぞ。ほれ，体《からだ》のまわりで，光《ひかり》が曲《ま》がって進《すす》んでおるのがわからんかね。

えっ!?　全然《ぜんぜん》わかりません。

ふぉっふぉっふぉっ。冗談《じょうだん》じゃ。太陽《たいよう》ほどの質量《しつりょう》をもつ天体《てんたい》のそばですら，光《ひかり》の曲《ま》がりは1度《ど》の3600分《ぶん》の1程度《ていど》とわずかなんじゃ。

じゃあ，僕《ぼく》の質量《しつりょう》がつくる時空《じくう》のゆがみなんて，小《ちい》さすぎて日常生活《にちじょうせいかつ》じゃわかりませんね。

うむ。わしらのまわりにあるどんな物体《ぶったい》も，質量《しつりょう》に応《おう》じて時空《じくう》をゆがめておるが，とても人《ひと》が認識《にんしき》することはできないんじゃ。

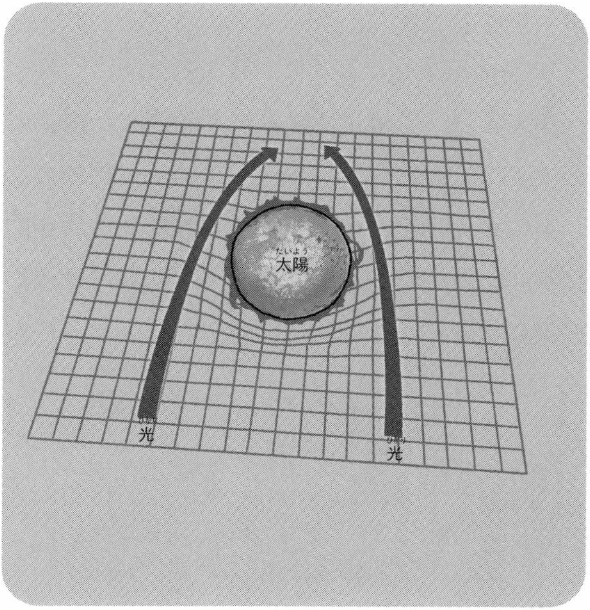

4 重力《じゅうりょく》の強《つよ》い場所《ばしょ》では，時間《じかん》の進《すす》みが遅《おそ》くなる

空間《くうかん》がゆがんでいるとき，時間《じかん》の流《なが》れも変化《へんか》している

ここからは，重力《じゅうりょく》と時間《じかん》の関係《かんけい》に注目《ちゅうもく》していきましょう。

20ページで見《み》たように，時間《じかん》と空間《くうかん》はつねに一体《いったい》です。一般相対性理論《いっぱんそうたいせいりろん》によると，天体《てんたい》の周《しゅう》囲《い》で空間《くうかん》がゆがんでいるとき，かならず時間《じかん》の流《なが》れ方《かた》にも変化《へんか》がおきます。**天体《てんたい》の質量《しつりょう》が大《おお》きいほど，また，天体《てんたい》に近《ちか》いほど，時間《じかん》の流《なが》れは遅《おそ》くなるのです。**

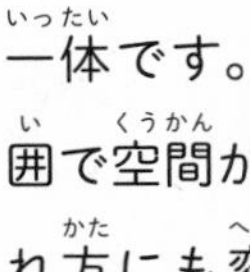

場所《ばしょ》によって時間《じかん》の流《なが》れがことなることを，「時間《じかん》が曲《ま》がる」と表現《ひょうげん》することもあるイカ。

4 ブラックホールのそばの時間《じかん》

重力《じゅうりょく》がとても強《つよ》い「ブラックホール」のそばで，光《ひかり》が曲《ま》がるようすをえがきました。光《ひかり》のカーブの内側《うちがわ》と外側《そとがわ》で，光《ひかり》の経路《けいろ》の距離《きょり》がことなるため，光《ひかり》の速《そく》度《ど》が変《か》わりそうです。しかし実際《じっさい》には，光《ひかり》の速度《そくど》は同《おな》じで，時間《じかん》の進《すす》み方《かた》がことなります。

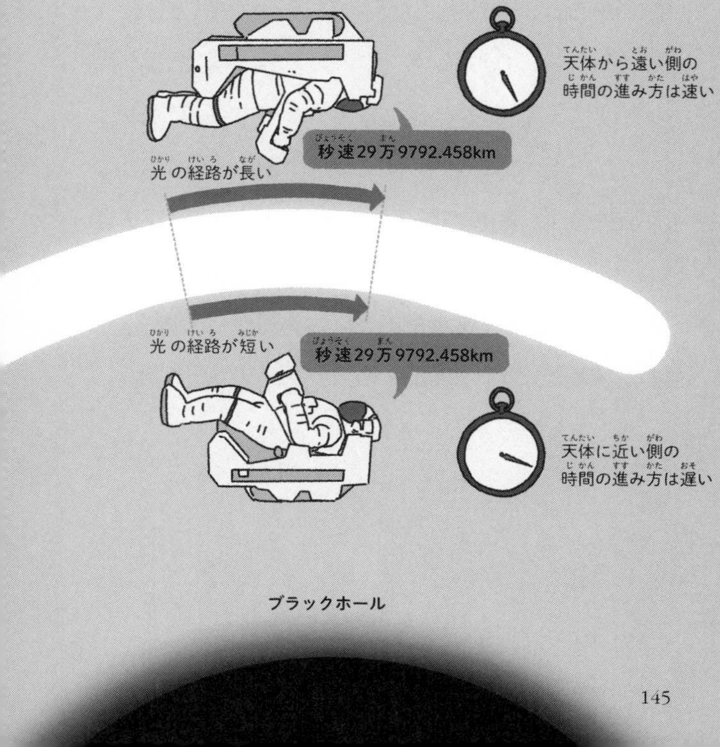

重力《じゅうりょく》が強《つよ》い場所《ばしょ》ほど，
時間《じかん》の進《すす》み方《かた》が遅《おそ》くなる

巨大《きょだい》な天体《てんたい》によって，光《ひかり》の進路《しんろ》が曲《ま》げられる場合《ばあい》を考《かんが》えてみます（145ページのイラスト）。光《ひかり》が曲《ま》がるとき，カーブの内側《うちがわ》の方《ほう》が，外側《そとがわ》よりも経路《けいろ》が短《みじか》くなります。速度《そくど》は「距離《きょり》÷時間《じかん》」ですから，光《ひかり》の速度《そくど》は天体《てんたい》に近《ちか》い側《がわ》で遅《おそ》くなっていることになりそうです。これは，光速度不変《こうそくどふへん》の原理《げんり》に矛盾《むじゅん》することにならないのでしょうか。

実《じつ》は，天体《てんたい》に近《ちか》い側《がわ》（重力《じゅうりょく》が強《つよ》い場所《ばしょ》）では，本当《ほんとう》に光《ひかり》の速度《そくど》が遅《おそ》くなっているのではありません。時間《じかん》の進《すす》み方《かた》が，遅《おそ》くなっているのです。**このように，一般相対性理論《いっぱんそうたいせいりろん》によると，重力《じゅうりょく》が強《つよ》い場所《ばしょ》ほど，時間《じかん》の進《すす》み方《かた》が遅《おそ》くなります。**

5　東京《とうきょう》スカイツリーの先端《せんたん》は，時間《じかん》が速《はや》い

地上《ちじょう》からはなれると，時間《じかん》が速《はや》く進《すす》む

　地球《ちきゅう》の重力《じゅうりょく》もわずかながら，時間《じかん》の遅《おく》れを生《しょう》じさせています。私《わたし》たちは，まわりに何《なに》もない宇宙空間《うちゅうくうかん》よりも，ごくわずかにゆっくりと進《すす》む時間《じかん》の中《なか》を生《い》きているのです。**逆《ぎゃく》にいえば，地《ち》上《じょう》からはなれればはなれるほど，重力《じゅうりょく》は弱《よわ》くなり，時間《じかん》の進《すす》み方《かた》が速《はや》くなっていくことになります。**

　たとえば，高《たか》さ634メートルの東京《とうきょう》スカイツリーの先端《せんたん》では，約《やく》100兆分《ちょうぶん》の7だけ地上《ちじょう》よりも速《はや》く時間《じかん》が進《すす》みます。これは，約《やく》45万年《まんねん》でようやく1秒《びょう》の差《さ》が出《で》てくる程度《ていど》のちがいです。

太陽《たいよう》の表面《ひょうめん》は，
地球上《ちきゅうじょう》よりも時間《じかん》の進《すす》み方《かた》が遅《おそ》い

一方《いっぽう》，太陽《たいよう》（質量《しつりょう》は地球《ちきゅう》の約《やく》33万倍《まんばい》，半径《はんけい》は約《やく》109倍《ばい》）の表面《ひょうめん》は，地球《ちきゅう》よりも重力《じゅうりょく》が強《つよ》く，地球上《ちきゅうじょう》よりも時間《じかん》の進《すす》み方《かた》が100万分《まんぶん》の2程度《ていど》だけ遅《おそ》くなっています。

このように地球上《ちきゅうじょう》や身近《みぢか》な天体《てんたい》では，時間《じかん》の進《すす》み方《かた》のちがいはごくわずかしかあらわれません。地球上《ちきゅうじょう》で光《ひかり》が曲《ま》がるようすを通常《つうじょう》見《み》ることができないのは，重力《じゅうりょく》による時間《じかん》の進《すす》み方《かた》の変《へん》化《か》がきわめて小《ちい》さいからだともいえます。

5 東京《とうきょう》スカイツリーの先端《せんたん》の時間《じかん》

地上《ちじょう》からはなれればはなれるほど，重力《じゅうりょく》が弱《よわ》くなり，時間《じかん》の進《すす》みは速《はや》くなります。地上《ちじょう》634メートルの東京《とうきょう》スカイツリーの先端《せんたん》では，地上《ちじょう》の時間《じかん》よりも100兆分《ちょうぶん》の7程度《ていど》，時間《じかん》が速《はや》く進《すす》みます。

6 時間《じかん》の遅《おく》れと空間《くうかん》のゆがみが生《う》みだす「重力《じゅうりょく》レンズ」

天体《てんたい》の像《ぞう》がゆがんだり，複数《ふくすう》に分裂《ぶんれつ》したりする

質量《しつりょう》が大《おお》きい天体《てんたい》のそばでは時空《じくう》がゆがみ，その結果《けっか》，光《ひかり》が曲《ま》がることをみてきました。

太陽《たいよう》のそばでの光《ひかり》の曲《ま》がりのほかにも，「重力《じゅうりょく》レンズ」とよばれる現象《げんしょう》が多数観測《たすうかんそく》されています。重力《じゅうりょく》レンズとは，本来《ほんらい》は一《ひと》つの天体《てんたい》なのに，途中《とちゅう》にある巨大《きょだい》な重力源《じゅうりょくげん》によって光《ひかり》が曲《ま》げられて，天体《てんたい》の像《ぞう》がゆがんだり，複数《ふくすう》に分裂《ぶんれつ》したり，明《あか》るさが強《つよ》められたりする現象《げんしょう》です。

時空《じくう》のゆがみが，レンズとしてはたらく

たとえば，遠《とお》い彼方《かなた》にある銀河《ぎんが》と地球《ちきゅう》との間《あいだ》に，銀河団《ぎんがだん》のような巨大《きょだい》な重力源《じゅうりょくげん》がある場合《ばあい》，遠方《えんぽう》の銀河《ぎんが》がリング状《じょう》や円弧状《えんこじょう》に見《み》えることがあります（152〜153ページのイラスト）。手前《てまえ》に存在《そんざい》する銀河団《ぎんがだん》が重力《じゅうりょく》レンズとしてはたらき，遠《とお》くの銀河《ぎんが》から放《はな》たれた光《ひかり》を曲《ま》げて，像《ぞう》をゆがめているのです。

眼鏡《めがね》やカメラなどに使《つか》われる通常《つうじょう》のレンズは，ガラスやプラスチックなどの物質《ぶっしつ》が光《ひかり》を曲《ま》げています。**一方《いっぽう》，重力《じゅうりょく》レンズでは，時空《じくう》のゆがみがレンズとしてはたらいています。**

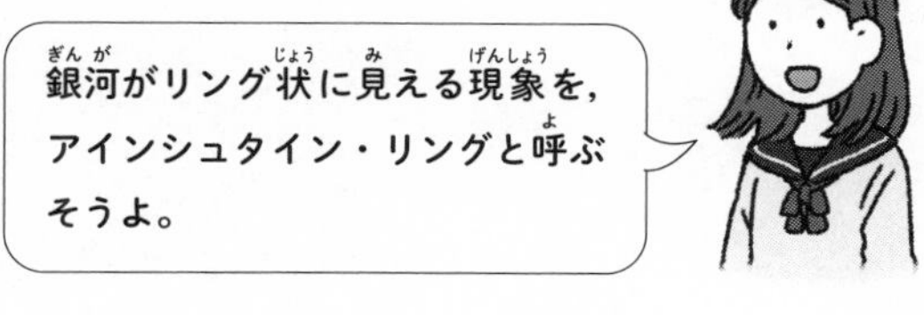

6 重力《じゅうりょく》レンズ

遠方《えんぼう》の銀河《ぎんが》と地球《ちきゅう》との間《あいだ》に，巨大《きょだい》な重力源《じゅうりょくげん》がある場合《ばあい》，遠方《えんぼう》の銀河《ぎんが》からやってくる光《ひかり》が曲《ま》げられることがあります。このような現象《げんしょう》を，重力《じゅうりょく》レンズといいます。

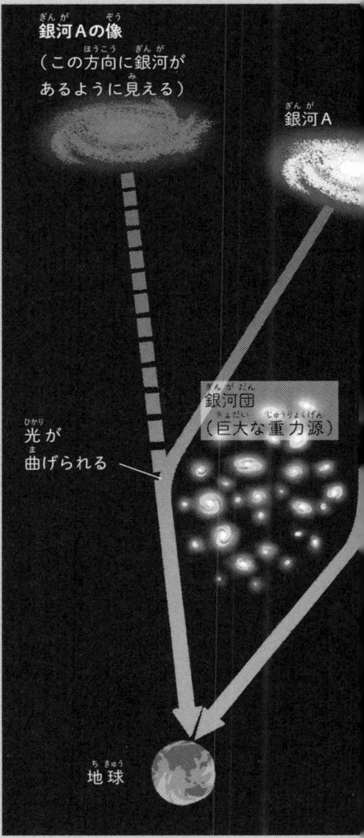

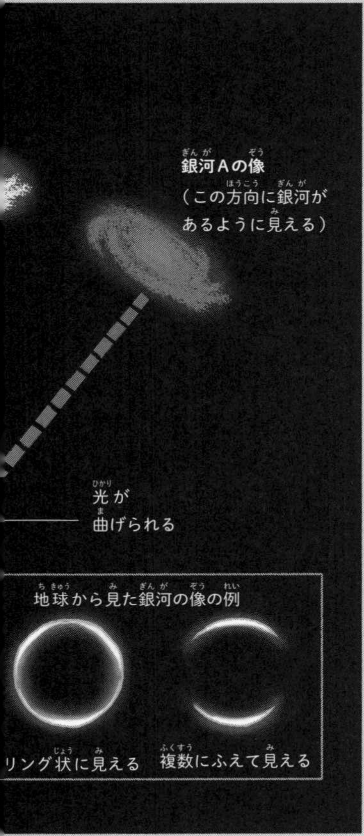
銀河《ぎんが》Aの像《ぞう》
（この方向《ほうこう》に銀河《ぎんが》が
あるように見《み》える）
光《ひかり》が
曲《ま》げられる
地球《ちきゅう》から見《み》た銀河《ぎんが》の像《ぞう》の例《れい》
リング状《じょう》に見《み》える
複数《ふくすう》にふえて見《み》える

コンタクトレンズの考案者《こうあんしゃ》

私《わたし》たちに身近《みぢか》なレンズといえば，主《おも》に近視《きんし》の人《ひと》が装着《そうちゃく》するコンタクトレンズがあります。**コンタクトレンズのしくみを最初《さいしょ》に考案《こうあん》したのは，モナ・リザなどの作品《さくひん》を残《のこ》したイタリアの芸術家《げいじゅつか》，レオナルド・ダ・ヴィンチ（1452～1519）だといわれています。**

1508年《ねん》，ダ・ヴィンチはコンタクトレンズにつながる，水槽《すいそう》を使《つか》った実験《じっけん》を行《おこな》います。**それは，球《たま》の形《かたち》をした水槽《すいそう》の中《なか》に水《みず》をいれて，水槽《すいそう》に顔《かお》をつけるというものです。**この中《なか》で目《め》をあけたところ，外《そと》の景色《けしき》がちがって見《み》えることを発見《はっけん》したといいます。今《いま》のようなコンタクトレンズの形《かたち》ではないものの，原理的《げんりてき》にはコンタクトレンズと同《おな》じものでした。

実際《じっさい》に目《め》に装着《そうちゃく》するコンタクトレンズの開発《かいはつ》に成功《せいこう》したのは，スイスの眼科医《がんかい》のオイゲン・フィック（1852 ～ 1937）です。1888年《ねん》にガラスでコンタクトレンズをつくり，自《みずか》ら試《ため》しました。現在《げんざい》普《ふ》及《きゅう》しているプラスチックでできたコンタクトレンズは，1930年代《ねんだい》に開発《かいはつ》されたものです。

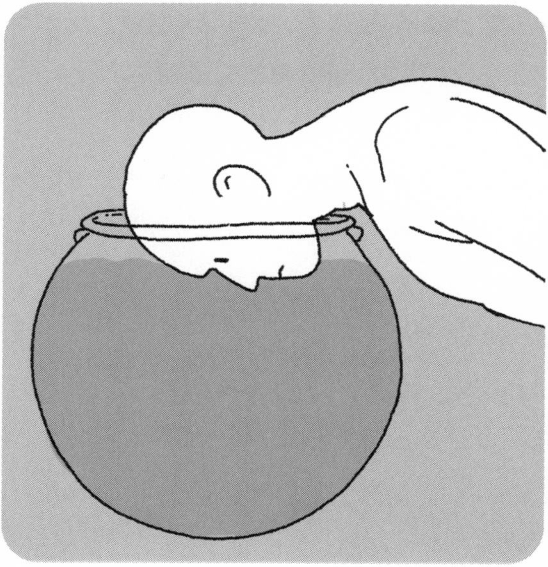

7 タイムトラベルも可能《かのう》なのかもしれない

未来《みらい》へのタイムトラベルは，原理的《げんりてき》には可能《かのう》

相対性理論《そうたいせいりろん》によると，時間《じかん》と空間《くうかん》が長《なが》くなったり短《みじか》くなったりすることを利用《りよう》すれば，未来《みらい》へのタイムトラベルが原理的《げんりてき》には可能《かのう》だといいます。

たとえば，「光速《こうそく》に近《ちか》い速度《そくど》で運動《うんどう》してもどってくる」といった方法《ほうほう》や，「ブラックホールなどの重力《じゅうりょく》の強《つよ》い天体《てんたい》のそばまで行《い》ってもどってくる」という方法《ほうほう》なら，旅行者《りょこうしゃ》にとってはわずかな時間《じかん》しか経《た》っていないのに，地球《ちきゅう》では長《なが》い年月《ねんげつ》が経《た》っているといった状況《じょうきょう》をつくることができます。

7 過去《かこ》へのタイムトラベル

時空《じくう》のトンネルである「ワームホール」を使《つか》うと，過去《かこ》へのタイムトラベルができるかもしれません。しかし，ワームホールが実在《じつざい》する証拠《しょうこ》はみつかっていません。

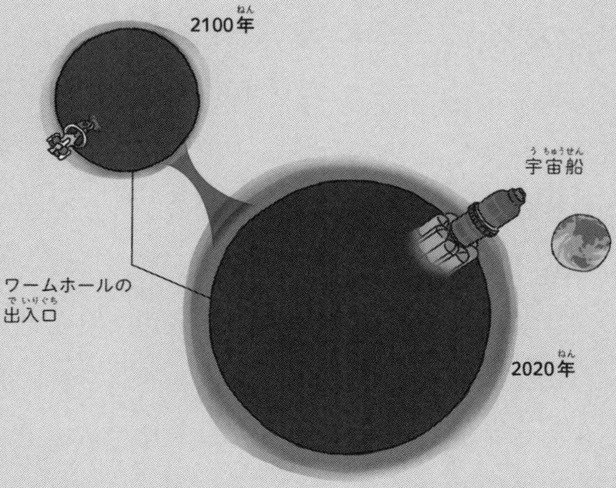

ワームホールとは，空間的《くうかんてき》または時間的《じかんてき》にはなれた2点間《てんかん》を結《むす》ぶ時空《じくう》のトンネルです。ワームホールは二《ふた》つの出入口《でいりぐち》をもち，片方《かたほう》の出入口《でいりぐち》に宇宙船《うちゅうせん》が入《はい》ると，すぐに他方《たほう》の出入口《でいりぐち》から出《で》てきます。

過去《かこ》へのタイムトラベルは，禁《きん》じられているのかも

さらに一般相対性理論《いっぱんそうたいせいりろん》によると，はなれた２地《ち》点《てん》を結《むす》ぶ時空《じくう》のトンネルである「ワームホール」が実在《じつざい》していた場合《ばあい》などの特殊《とくしゅ》な状況《じょうきょう》の下《もと》では，過去《かこ》へのタイムトラベルも原理的《げんりてき》には可能《かのう》だといいます。ただし，ワームホールが宇宙《うちゅう》に実在《じつざい》する証拠《しょうこ》はみつかっていません。

過去《かこ》へのタイムトラベルは，過去《かこ》の歴史《れきし》を改《かい》ざんできる可能性《かのうせい》を開《ひら》いてしまいます。そのため多《おお》くの物理学者《ぶつりがくしゃ》は，一般相対性理論《いっぱんそうたいせいりろん》をこえた何《なん》らかのメカニズムが，過去《かこ》へのタイムトラベルを禁《きん》じているのではないかと考《かんが》えているようです。

8 光《ひかり》すらも吸《す》いこむ ブラックホール

ブラックホールは，質量《しつりょう》が大《おお》きい恒星《こうせい》のなれの果《は》て

質量《しつりょう》が大《おお》きい天体《てんたい》のそばでは，光《ひかり》は進行方向《しんこうほうこう》を曲《ま》げられます。そして質量《しつりょう》が大《おお》きい天体《てんたい》ほど，光《ひかり》を大《おお》きく曲《ま》げます。**極端《きょくたん》に質量《しつりょう》が大《おお》きい天体《てんたい》なら，光《ひかり》を曲《ま》げるだけでなく，光《ひかり》を吸《す》いこんで逃《に》がさないということもありえます。**そのような天体《てんたい》が，「ブラックホール」です。

ブラックホールは，質量《しつりょう》が太陽《たいよう》の25倍程度以《ばいていどい》上大《じょうおお》きい恒星《こうせい》の，なれの果《は》てだと考《かんが》えられています。恒星《こうせい》が燃《も》えつきると，恒星《こうせい》の中心部《ちゅうしんぶ》はみずからの重力《じゅうりょく》で収縮《しゅうしゅく》をはじめます。質量《しつりょう》が大《おお》きい恒星《こうせい》の中心部《ちゅうしんぶ》の重力《じゅうりょく》はあまりに強《つよ》いため，収《しゅう》縮《しゅく》が止《と》まらず，1点《てん》につぶれると考《かんが》えられています。

光《ひかり》は，特異点《とくいてん》に吸《す》いこまれていく

質量《しつりょう》が大《おお》きい恒星《こうせい》がつぶれた結果《けっか》，中心《ちゅうしん》には「特異点《とくいてん》」とよばれる大《おお》きさゼロで密度《みつど》無限大《むげんだい》の点《てん》が，計算上生《けいさんじょうしょう》じます。「密度《みつど》＝質量《しつりょう》÷体積《たいせき》」なので，体積《たいせき》がゼロだと密度《みつど》が無限大《むげんだい》になるのです。

ブラックホールに入《はい》った光《ひかり》は，すべて特異点《とくいてん》に吸《す》いこまれていきます。特異点《とくいてん》は，時空《じくう》の終《しゅう》着駅《ちゃくえき》なのです。

注《ちゅう》：質量《しつりょう》の大《おお》きい恒星《こうせい》がつぶれた結果《けっか》，ほんとうに密度《みつど》が無限大《むげんだい》になるのかどうかについては，未解明《みかいめい》です。

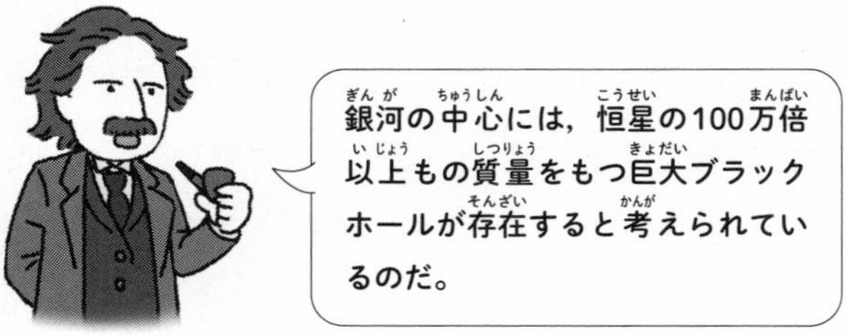

8 光《ひかり》を吸《す》いこむブラックホール

質量《しつりょう》が大《おお》きい恒星《こうせい》が寿命《じゅみょう》をむかえて，みずからの重力《じゅうりょく》でつぶれると，ブラックホールができます。ブラックホールは，重力《じゅうりょく》がきわめて強《つよ》く，光《ひかり》を曲《ま》げるだけでなく，光《ひかり》を吸《す》いこんでしまいます。

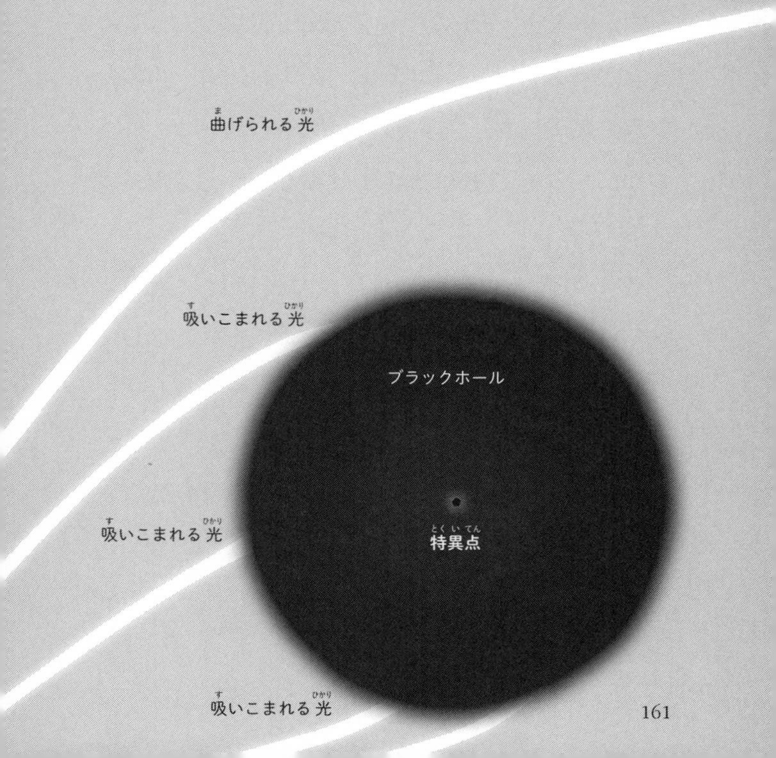

9 ブラックホールの表面《ひょうめん》では，時間《じかん》が止《と》まる

質量《しつりょう》が大《おお》きい天体《てんたい》のそばでは，時間《じかん》が遅《おそ》くなる

ブラックホールの中《なか》に入《はい》った光《ひかり》は，脱出《だっしゅつ》することができません。つまり，ブラックホールのちょうど表面《ひょうめん》から外向《そとむ》きに発《はっ》せられた光《ひかり》は，外《そと》へ向《む》かって進《すす》むことができません（右《みぎ》ページのイラスト1）。

質量《しつりょう》の大《おお》きい天体《てんたい》のそばでは，天体《てんたい》に近《ちか》いほど，光《ひかり》の速度《そくど》がみかけ上《じょう》遅《おそ》くなります。そしてそれは，時間《じかん》の流《なが》れが遅《おそ》くなることを意味《いみ》しています。**これと同《おな》じように考《かんが》えると，ブラックホールの表面《ひょうめん》では，外側《そとがわ》から見《み》れば時間《じかん》の流《なが》れが完全《かんぜん》に止《と》まってしまいます。**

9 ブラックホールの表面《ひょうめん》

ブラックホールのちょうど表面《ひょうめん》から発《はっ》せられた光《ひかり》は，外《そと》へ向《む》かって進《すす》めません。また，ブラックホールに落《お》ちていく宇宙船《うちゅうせん》を遠《とお》くはなれた母船《ぼせん》から観《かん》測《そく》すると，ブラックホールの表面《ひょうめん》で静止《せいし》して見《み》えます。

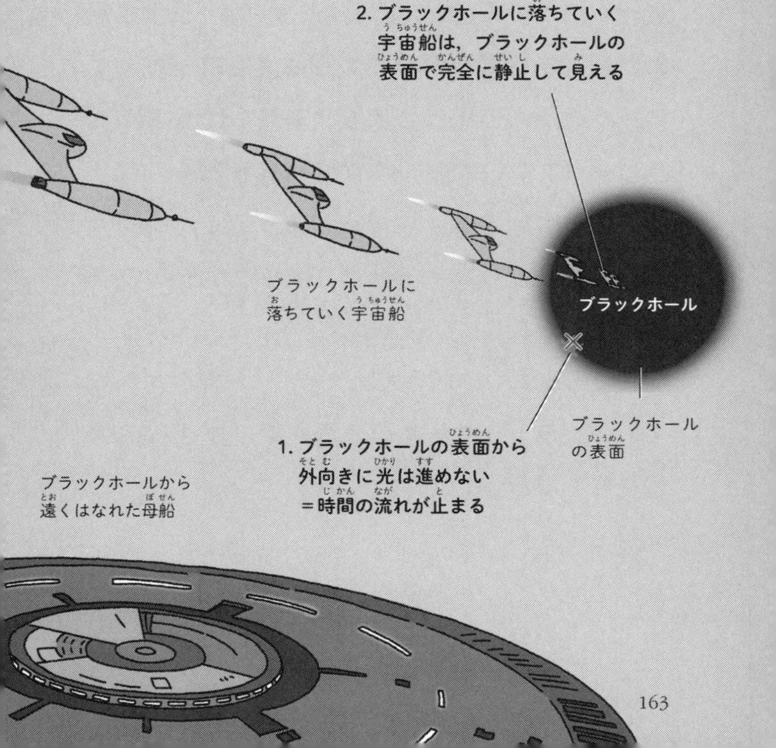

宇宙船《うちゅうせん》は，ブラックホールの表面《ひょうめん》で静止《せいし》して見《み》える

ブラックホールに向《む》かって落《お》ちていく宇宙船《うちゅうせん》を，遠《とお》くはなれた母船《ぼせん》から観測《かんそく》すると，どう見《み》えるでしょうか。

ブラックホールの近《ちか》くでは，ブラックホールに近《ちか》づくにつれて，時間《じかん》の流《なが》れが遅《おそ》くなります。**そのため，宇宙船《うちゅうせん》は徐々《じょじょ》にスピードを落《お》とし，ブラックホールの表面《ひょうめん》で完全《かんぜん》に静止《せいし》してしまうように見《み》えます（163ページのイラスト2）。**

一方《いっぽう》で，宇宙船《うちゅうせん》の中《なか》の人《ひと》からすると，時間《じかん》はふだん通《どお》り流《なが》れ，宇宙船《うちゅうせん》はブラックホールの表《ひょう》面《めん》で止《と》まることなく通《とお》りすぎます。しかし遠《とお》くはなれた母船《ぼせん》の中《なか》にいる人《ひと》は，どんなに時間《じかん》がたっても，ブラックホールの表面《ひょうめん》を通《とお》りすぎる宇宙《うちゅう》船《せん》を見《み》ることはないのです。

memo

博士《はかせ》！教《おし》えて!!

どっちの方《ほう》が年《とし》をとる？

博士《はかせ》，もしも僕《ぼく》が，超高速《ちょうこうそく》の宇宙船《うちゅうせん》に乗《の》って遠《とお》くの星《ほし》まで行《い》って地球《ちきゅう》に戻《もど》ってきたら，同《おな》じクラスのゆきこちゃんとどっちが年《とし》をとっているんでしょうか？

高速《こうそく》で動《うご》くほど時間《じかん》がゆっくり流《なが》れるんじゃったな。じゃが，地上《ちじょう》から見《み》れば宇宙船《うちゅうせん》の方《ほう》が動《うご》いており，宇宙船《うちゅうせん》から見《み》れば地上《ちじょう》が動《うご》いていることになる。じゃから，もしも宇宙船《うちゅうせん》が同《おな》じ速度《そくど》で飛《と》びつづけた場合《ばあい》は，どちらも同《おな》じだけ年《とし》をとると考《かんが》えられるな。

そっか，じゃあ安心《あんしん》して宇宙《うちゅう》に行《い》けます。

でもこの話《はなし》は，そう単純《たんじゅん》ではないんじゃ。宇宙船《うちゅうせん》は，地上《ちじょう》で加速《かそく》して宇宙《うちゅう》に行《い》き，さらに星《ほし》の近《ちか》くで減速《げんそく》せねばならん。宇宙船《うちゅうせん》が加速《かそく》や減速《げんそく》をすると，前《まえ》や後《うし》ろにひっぱ

られるような力《ちから》が発生《はっせい》する。実《じつ》はこの力《ちから》は，重力《じゅうりょく》と同《おな》じようなもので，この力《ちから》が大《おお》きいほど，時間《じかん》の流《なが》れが遅《おそ》くなる。つまり，宇《う》宙船《ちゅうせん》の方《ほう》が時間《じかん》の流《なが》れが遅《おそ》くなるんじゃ。地球《ちきゅう》に帰《かえ》ってきたら，ゆきこちゃんの方《ほう》が年《とし》をとっていることになるな。

…………。

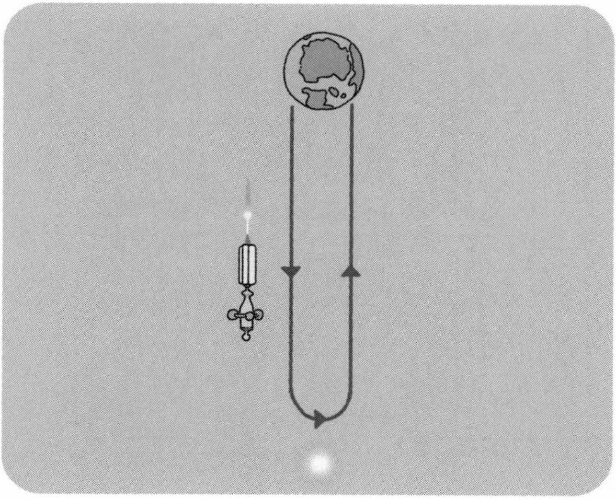

大学《だいがく》から奇跡《きせき》の年《とし》へ

研究者《けんきゅうしゃ》として

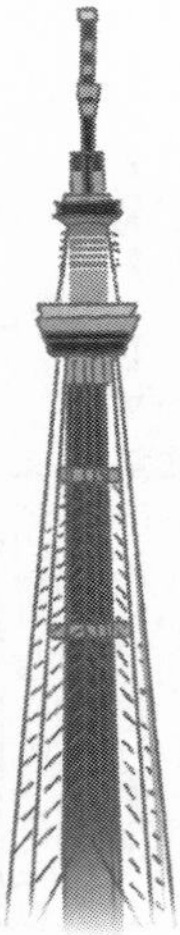

第《だい》4章《しょう》

相《そう》対《たい》性《せい》理《り》論《ろん》と現《げん》代《だい》物《ぶつ》理《り》学《がく》

相対性理論《そうたいせいりろん》は，物理学《ぶつりがく》のさまざまな分野《ぶんや》に発展《はってん》をもたらしました。第《だい》4章《しょう》では，相《そう》対性理論《たいせいりろん》が現代物理学《げんだいぶつりがく》にどのように生《い》かされているのかをみていきましょう。

1 宇宙《うちゅう》では，空間《くうかん》が膨張《ぼうちょう》していた

一般相対性理論《いっぱんそうたいせいりろん》によると，宇宙空間《うちゅうくうかん》は膨張《ぼうちょう》しうる

20世紀初頭《せいきしょとう》まで，宇宙空間《うちゅうくうかん》は永遠不変《えいえんふへん》だと考《かんが》えられていました。一般相対性理論《いっぱんそうたいせいりろん》を生《う》んだアインシュタインでさえも，そう考《かんが》えていたのです。しかし1922年《ねん》，ロシアの物理学者《ぶつりがくしゃ》のアレクサンドル・フリードマン（1888～1925）は宇宙空間《うちゅうくうかん》は膨張《ぼうちょう》したり収縮《しゅうしゅく》したりしうるということを，一般相対性理論《いっぱんそうたいせいりろん》を使《つか》って理論的《りろんてき》に明《あき》らかにしました。

1 膨張《ぼうちょう》する宇宙空間《うちゅうくうかん》

膨張《ぼうちょう》する宇宙空間《うちゅうくうかん》のイメージです。1の宇宙空間《うちゅうくうかん》が2倍《ばい》に膨張《ぼうちょう》したものが，2の宇宙空間《うちゅうくうかん》です。どの銀《ぎん》河《が》から見《み》ても，遠《とお》くにある銀河《ぎんが》ほど移動距離《いどうきょり》が長《なが》く，速《はや》い速度《そくど》で遠《とお》ざかっています。

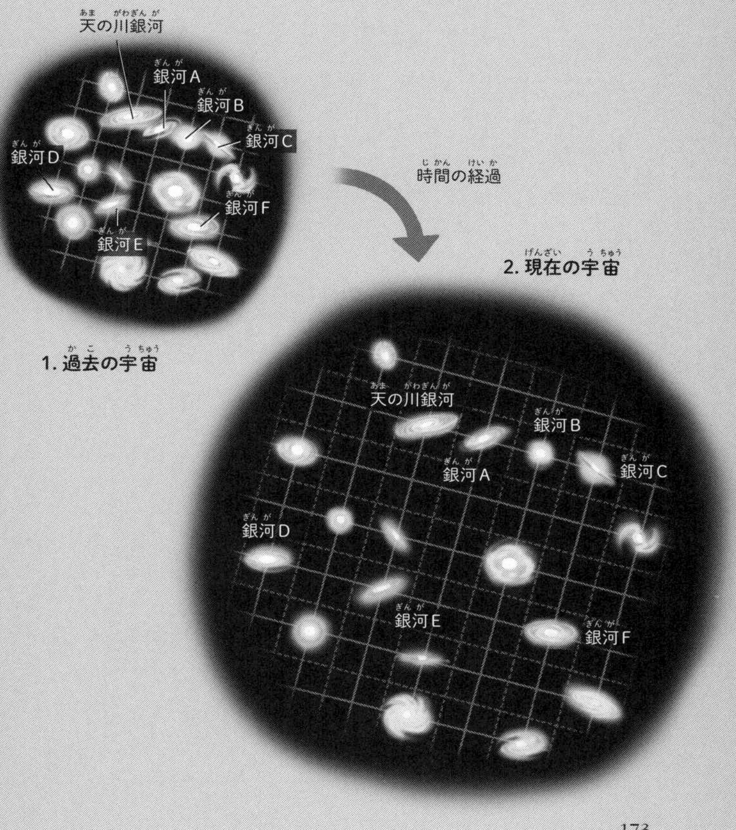

宇宙空間《うちゅうくうかん》の膨張《ぼうちょう》が，観測《かんそく》された

1920年代後半《ねんだいこうはん》，ベルギーの宇宙物理学者《うちゅうぶつりがくしゃ》のジョルジ・ルメートル（1894～1966）とアメリカの天文学者《てんもんがくしゃ》のエドウィン・ハッブル（1889～1953）は，宇宙空間《うちゅうくうかん》が膨張《ぼうちょう》していることを，天《てん》文観測《もんかんそく》のデータからつきとめました。

173ページのイラストの1，2は，膨張《ぼうちょう》する宇《う》宙空間《ちゅうくうかん》を模式的《もしきてき》にあらわしたものです。各銀河《かくぎんが》の間《あいだ》の距離《きょり》が2倍《ばい》に伸《の》びています。このような宇《う》宙《ちゅう》を観測《かんそく》すると，どの銀河《ぎんが》から観測《かんそく》しても，遠《とお》い銀河《ぎんが》ほど速《はや》い速度《そくど》で遠《とお》ざかっています。ルメートルやハッブルが発見《はっけん》したのは，まさにこのような観測事実《かんそくじじつ》だったのです。

2 太陽《たいよう》のエネルギー源《げん》が，相対性理論《そうたいせいりろん》で明《あき》らかに

太陽《たいよう》が石炭《せきたん》のかたまりなら，数千年《すうせんねん》で燃《も》えつきる

20世紀《せいき》に入《はい》るまで，太陽《たいよう》が輝《かがや》くメカニズムは謎《なぞ》のままでした。**120ページで紹介《しょうかい》した「$E=mc^2$」という式《しき》は，この謎《なぞ》を解決《かいけつ》に導《みちび》きました。**

当時《とうじ》の地質学者《ちしつがくしゃ》は，地球《ちきゅう》が誕生《たんじょう》してから，少《すく》なくとも数十億年《すうじゅうおくねん》は経《た》っているだろうと考《かんが》えていました。しかし太陽《たいよう》は，仮《かり》に太陽《たいよう》の質量《しつりょう》のすべてが石炭《せきたん》だとしたら数千年《すうせんねん》で，太陽自身《たいようじしん》の重力《じゅうりょく》がエネルギー源《げん》だとしても数千万年《すうせんまんねん》で，燃《も》えつきてしまう計算《けいさん》でした。これでは，太陽《たいよう》の寿命《じゅみょう》が短《みじか》すぎます。

減少《げんしょう》した質量《しつりょう》の分《ぶん》，膨大《ぼうだい》なエネルギーが生《しょう》じる

この難問《なんもん》を解決《かいけつ》したのが，特殊相対性理論《とくしゅそうたいせいりろん》でした。太陽《たいよう》の中心《ちゅうしん》では，4個《こ》の水素原子核《すいそげんしかく》が猛烈《もうれつ》な勢《いきお》いで衝突《しょうとつ》，融合《ゆうごう》することで，ヘリウム原子核《げんしかく》が生《しょう》じる「核融合反応《かくゆうごうはんのう》」がおきています。この核融合反応《かくゆうごうはんのう》の反応前《はんのうまえ》と反応後《はんのうご》の質量《しつりょう》をくらべたところ，反応後《はんのうご》の方《ほう》が約《やく》0.7％だけ軽《かる》くなることが判明《はんめい》しました。**つまり減少《げんしょう》した質量《しつりょう》の分《ぶん》だけ，「$E=mc^2$」にしたがって，膨大《ぼうだい》なエネルギーが生《しょう》じるのです。**

この核融合反応《かくゆうごうはんのう》なら，太陽《たいよう》は数十億年《すうじゅうおくねん》にわたって輝《かがや》くことがわかりました。こうして，難問《なんもん》は解決《かいけつ》されたのです。

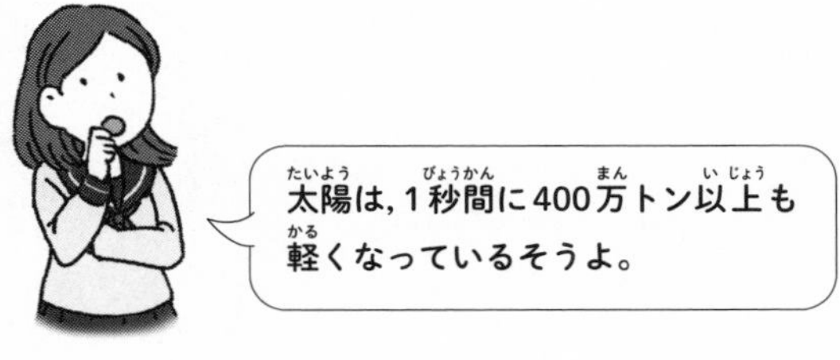

2 核融合反応《かくゆうごうはんのう》の反応前《はんのうまえ》と反応後《はんのうご》

太陽《たいよう》の中心部《ちゅうしんぶ》では，4個《こ》の水素原子核《すいそげんしかく》が核融合反応《かくゆうごうはんのう》をおこし，ヘリウム原子核《げんしかく》がつくられます。そして核融合反応《かくゆうごうはんのう》によって，質量《しつりょう》は約《やく》0.7%小《ちい》さくなります。この減少《げんしょう》した質量《しつりょう》の分《ぶん》だけ，$E=mc^2$にしたがって，膨大《ぼうだい》なエネルギーが放出《ほうしゅつ》されます。

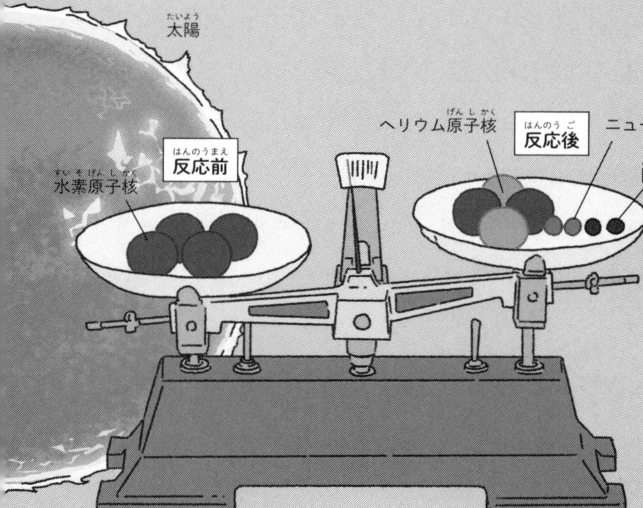

3 GPSは，相対性理論《そうたいせいりろん》で正確《せいかく》になった

1日《にち》に120マイクロ秒遅《びょうおく》れ，150マイクロ秒進《びょうすす》む

現在位置《げんざいいち》を知《し》らせてくれる「GPS（全地球測位《ぜんちきゅうそくい》システム）」が，正確《せいかく》な位置《いち》を割《わ》りだすのにも，相対性理論《そうたいせいりろん》が一役買《ひとやくか》っています。

GPSの電波《でんぱ》を発信《はっしん》する「GPS衛星《えいせい》」は，時速約《じそくやく》14000キロメートルという速度《そくど》で飛《と》んでいます。そのため特殊相対性理論《とくしゅそうたいせいりろん》によると，GPS衛星《えいせい》に搭載《とうさい》された時計《とけい》は，地上《ちじょう》の時計《とけい》とくらべて1日《にち》で120マイクロ秒《びょう》ほど遅《おく》れるといいます。

一方《いっぽう》GPS衛星《えいせい》は，高度約《こうどやく》2万《まん》キロメートルの宇宙空間《うちゅうくうかん》を移動《いどう》しているため，地球《ちきゅう》から受《う》ける重力《じゅうりょく》が地上《ちじょう》よりも小《ちい》さくなります。そのため一《いっ》般相対性理論《ぱんそうたいせいりろん》によると，GPS衛星《えいせい》の時計《とけい》は，地《ち》上《じょう》の時計《とけい》とくらべて1日《にち》で150マイクロ秒《びょう》ほど

3 GPS衛星《えいせい》

GPS衛星《えいせい》の時計《とけい》は，地上《ちじょう》の時計《とけい》とくらべて，1日《にち》で30マイクロ秒《びょう》ほど進《すす》みます。GPSでは，このずれをあらかじめ考慮《こうりょ》して，補正《ほせい》するように設計《せっけい》されています。

進《すす》むといいます。

GPSには，あらかじめ補正《ほせい》がかけられている

つまり，特殊相対性理論《とくしゅそうたいせいりろん》と一般相対性理論《いっぱんそうたいせいりろん》をあわせて考《かんが》えると，GPS衛星《えいせい》の時計《とけい》は，地上《ちじょう》の時《と》計《けい》とくらべて1日《にち》で30マイクロ秒《びょう》ほど進《すす》んでしまうことになります。この時計《とけい》のずれは，距離《きょり》にして，約《やく》10キロメートルの誤差《ごさ》を生《う》みます。このためGPSでは，二《ふた》つの理論《りろん》による時間《じかん》のずれがあらわれないよう，あらかじめ補正《ほせい》がかけられているのです。

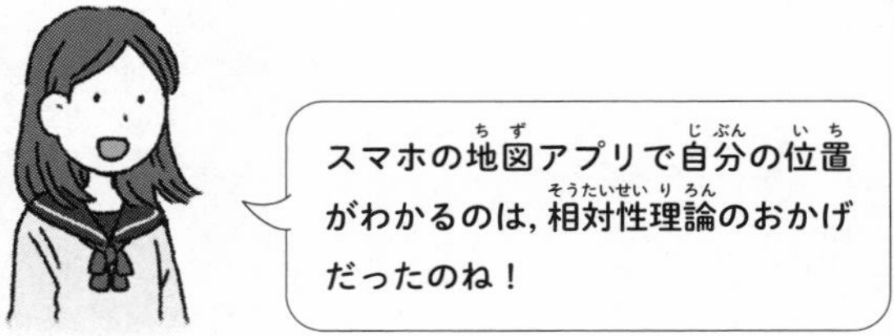

4　時空《じくう》のさざ波《なみ》，重力波《じゅうりょくは》がみつかった

アインシュタイン最後《さいご》の宿題《しゅくだい》

2016年《ねん》2月《がつ》，アメリカの重力波観測装置《じゅうりょくはかんそくそうち》「LIGO《ライゴ》」が重力波《じゅうりょくは》の直接観測《ちょくせつかんそく》に成功《せいこう》したというニュースが，世界中《せかいじゅう》をかけめぐりました。

重力波《じゅうりょくは》とは，時空《じくう》のゆがみが波《なみ》となって，周《しゅう》囲《い》に広《ひろ》がっていく現象《げんしょう》です。一般相対性理論《いっぱんそうたいせいりろん》によると，ブラックホールなどの大《おお》きな質量《しつりょう》をもつ物体《ぶったい》が動《うご》くと，時空《じくう》のゆがみが水面上《すいめんじょう》に広《ひろ》がる波紋《はもん》のように，周囲《しゅうい》に広《ひろ》がっていくといいます。ただし，重力波《じゅうりょくは》の直接観測《ちょくせつかんそく》は非常《ひじょう》にむずかしく，「アインシュタイン最後《さいご》の宿題《しゅくだい》」ともよばれていました。

太陽《たいよう》3個分《こぶん》の質量《しつりょう》が，重力波《じゅうりょくは》として放射《ほうしゃ》された

観測《かんそく》された重力波《じゅうりょくは》は，たがいの周囲《しゅうい》をまわる二《ふた》つのブラックホールが徐々《じょじょ》に近《ちか》づき，その後《ご》衝突《しょうとつ》，合体《がったい》するときに生《しょう》じたと考《かんが》えられています。衝突《しょうとつ》したブラックホールの質量《しつりょう》は，それぞれ太陽《たいよう》の質量《しつりょう》の36倍《ばい》と29倍《ばい》であり，これらが合《がっ》体《たい》することで，太陽《たいよう》の質量《しつりょう》の62倍《ばい》の質量《しつりょう》をもつブラックホールになったといいます。

36と29を足《た》すと，65です。欠《か》けた太陽《たいよう》の質《しつ》量《りょう》の3倍《ばい》の質量《しつりょう》が，「$E=mc^2$」にしたがって膨大《ぼうだい》なエネルギーに変換《へんかん》され，重力波《じゅうりょくは》として放射《ほうしゃ》されたのです。

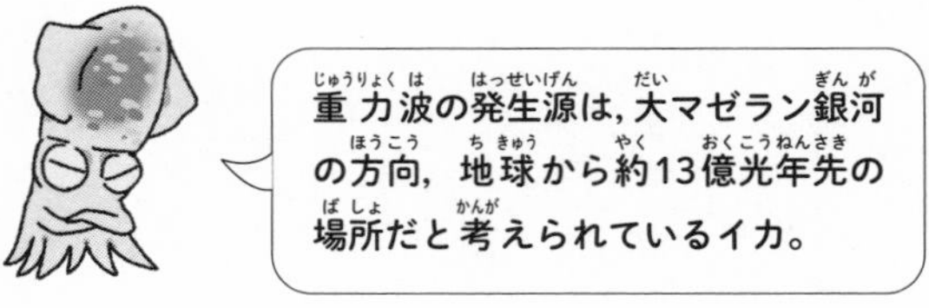

4 ブラックホール連星《れんせい》

イラストは，重力波《じゅうりょくは》を発《はっ》する「ブラックホール連星《れんせい》」のイメージです。ブラックホールのような質量《しつりょう》が大《おお》きい天体《てんたい》が高速《こうそく》で動《うご》くと，時空《じくう》のゆがみが重力波《じゅうりょくは》として周囲《しゅうい》に広《ひろ》がっていきます。ブラックホール連星《れんせい》は徐々《じょじょ》に近《ちか》づき，最終的《さいしゅうてき》に合体《がったい》します。その瞬間《しゅんかん》に，さらに大《おお》きい重力波《じゅうりょくは》が発生《はっせい》すると考《かんが》えられています。

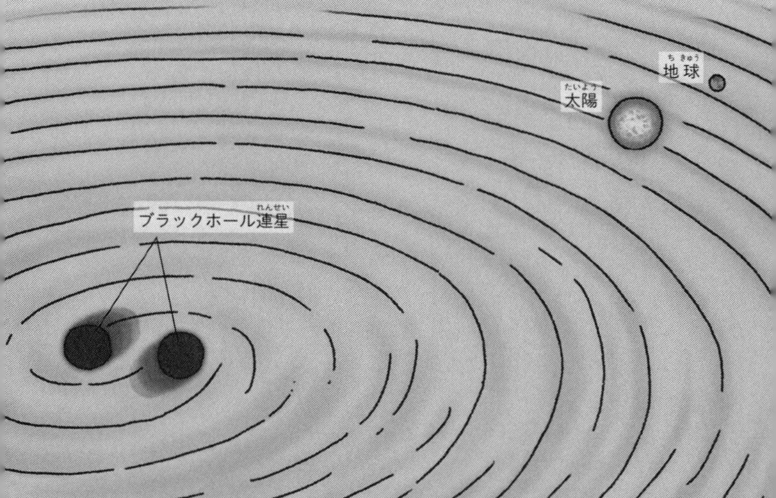

5 ついに見《み》えた！ ブラックホール

ブラックホールの影《かげ》の撮影《さつえい》に成功《せいこう》

ブラックホールは，アインシュタインの一般相《いっぱんそう》対性理論《たいせいりろん》をもとに，理論的《りろんてき》に存在《そんざい》が予測《よそく》されてきました。しかしブラックホールは，光《ひかり》すら吸《す》いこむ真《ま》っ暗《くら》な天体《てんたい》であり，その存在《そんざい》を画像《がぞう》で撮影《さつえい》して証明《しょうめい》するのは困難《こんなん》でした。

2019年《ねん》，日本《にほん》の国立天文台《こくりつてんもんだい》も協力《きょうりょく》する国際共《こくさいきょう》同研究《どうけんきゅう》チームが，ブラックホールの影《かげ》を撮影《さつえい》することに，史上初《しじょうはじ》めて成功《せいこう》しました。2019年《ねん》は，一般相対性理論《いっぱんそうたいせいりろん》が観測《かんそく》によってはじめて実証《じっしょう》されてから100年目《ねんめ》にあたる，節目《ふしめ》の年《とし》でした。

5 撮影《さつえい》されたブラックホール

国際研究《こくさいけんきゅう》チームは，2019年《ねん》4月《がつ》10日《か》，ブラックホールの影《かげ》の撮影《さつえい》に成功《せいこう》したことを発表《はっぴょう》しました。下《した》のイラストは，撮影《さつえい》された画像《がぞう》のイメージです。イラストの中央《ちゅうおう》が，ブラックホールの影《かげ》です。リング状《じょう》に輝《かがや》いているのは，ブラックホールのまわりのガスから放《はな》たれた電波《でんぱ》です。

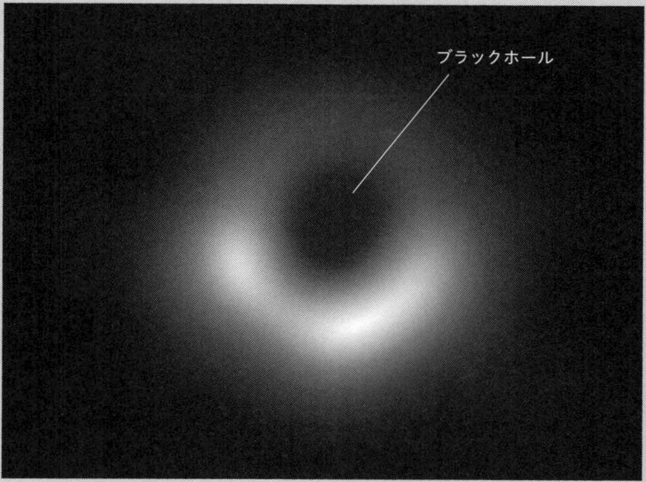

周囲《しゅうい》を進《すす》む光《ひかり》が，巻《ま》きついている

研究《けんきゅう》チームは，地球上《ちきゅうじょう》の8か所《しょ》の電波望遠鏡《でんぱぼうえんきょう》を連動《れんどう》させて，ブラックホールの観測《かんそく》を行《おこな》いました。そして地球《ちきゅう》から5500万光年《まんこうねん》はなれた，銀河《ぎんが》の中心《ちゅうしん》にあるブラックホールの影《かげ》をとらえたのです。このブラックホールの質量《しつりょう》は，太陽《たいよう》の質量《しつりょう》の65億倍《おくばい》におよぶといいます。

ブラックホールの周囲《しゅうい》にあるガスは，ブラックホールに飲《の》みこまれる際《さい》，とてつもない高温《こうおん》になります。**その高温《こうおん》のガスの輝《かがや》きで，中心《ちゅうしん》にあるブラックホールが影《かげ》のように浮《う》かび上《あ》がるのです。**

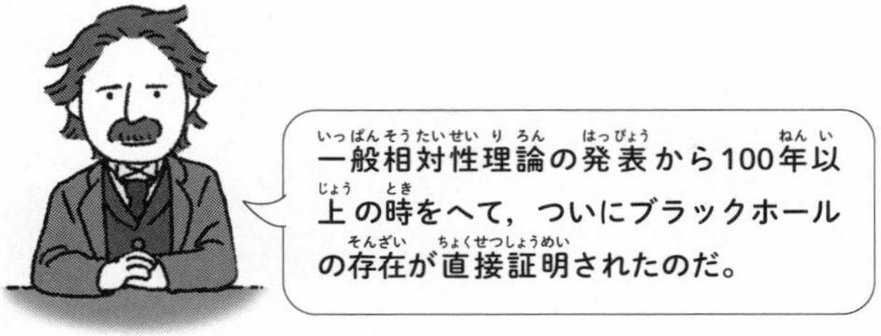

memo

博士《はかせ》！教《おし》えて!!

重力《じゅうりょく》は，相対性理論《そうたいせいりろん》で解明《かいめい》されたの？

一般相対性理論《いっぱんそうたいせいりろん》は，重力《じゅうりょく》についての理論《りろん》なんですよね。重力《じゅうりょく》に関係《かんけい》することは，全部《ぜんぶ》わかったんですか？

いや，一般相対性理論《いっぱんそうたいせいりろん》では計算《けいさん》できない現象《げんしょう》が，いくつかあるんじゃよ。その一《ひと》つが，ブラックホールじゃ。

ブラックホールがあることは，一般相対性理《いっぱんそうたいせいり》論《ろん》をもとに予測《よそく》されたんですよね。

うむ。ただその中心《ちゅうしん》の密度《みつど》は，一般相対性理《いっぱんそうたいせいり》論《ろん》にもとづいて計算《けいさん》すると，無限大《むげんだい》になってしまうんじゃ。超《ちょう》ミクロな宇宙空間《うちゅうくうかん》の密度《みつど》などの，極端《きょくたん》に小《ちい》さい空間《くうかん》の重力現象《じゅうりょくげんしょう》は，一般相《いっぱんそう》対性理論《たいせいりろん》ではうまくあつかえないのじゃよ。

へぇ〜。

一般相対性理論《いっぱんそうたいせいりろん》とミクロな世界《せかい》の物理法則《ぶつりほうそく》である「量子論《りょうしろん》」を統合《とうごう》した，新《あら》たな理論《りろん》の構築《こうちく》に，世界中《せかいじゅう》の物理学者《ぶつりがくしゃ》たちがいどんでおるぞ。

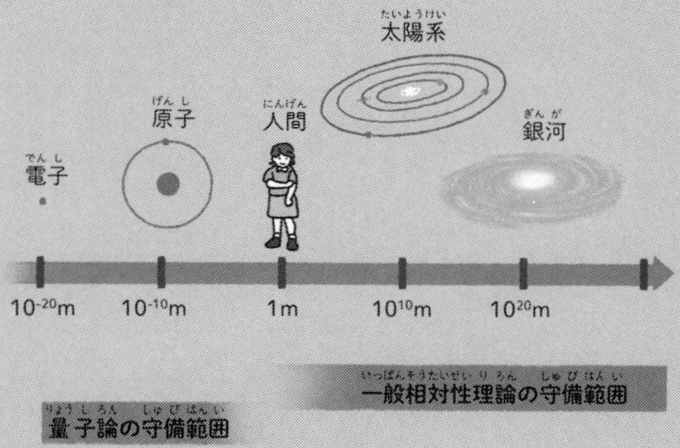

量子論《りょうしろん》は，原子《げんし》や電子《でんし》などのミクロな世界《せかい》をあつかう理論《りろん》です。一方《いっぽう》，一般相対性理論《いっぱんそうたいせいりろん》は，主《おも》にマクロな世界《せかい》をあつかう理論《りろん》です。量子論《りょうしろん》と一般相対性理論《いっぱんそうたいせいりろん》を統合《とうごう》した理論《りろん》を完成《かんせい》させることが，物《ぶつ》理学者《りがくしゃ》たちの目標《もくひょう》の一《ひと》つになっています。

日本《にほん》でのアインシュタイン

アインシュタインの平和活動《へいわかつどう》

さくいん

memo

シリーズ第《だい》20弾《だん》!!

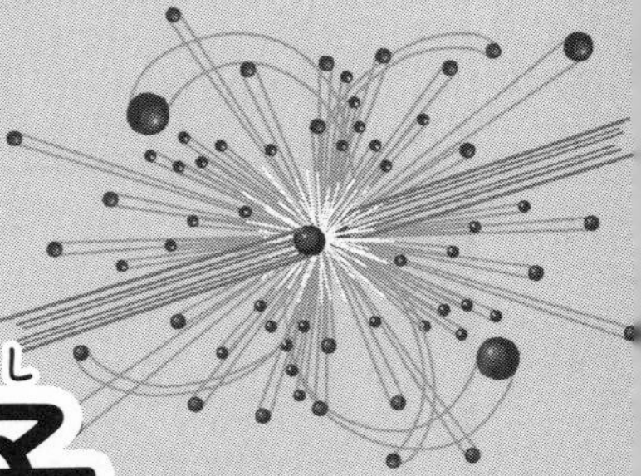

ニュートン超図解《ちょうずかい》新書《しんしょ》

最強《さいきょう》に面白《おもしろ》い 素《そ》粒《りゅう》子《し》

2024年《ねん》2月《がつ》発売《はつばい》予定《よてい》　新書判《しんしょばん》・200ページ　990円《えん》（税込《ぜいこみ》）

「素粒子《そりゅうし》」とは，それ以上《いじょう》分割《ぶんかつ》することができないと考《かんが》えられる，究極《きゅうきょく》に小《ち》さい粒子《りゅうし》のことです。たとえば消《け》しゴムを，カッターでどんどん細《こま》かく切《き》っていったら，最終的《さいしゅうてき》に何《なん》になると思《おも》いますか？　物質《ぶっしつ》が何《なに》でできているかを明《あき》らかにすることは，紀元前《きげんぜん》のころからの，人類《じんるい》の夢《ゆめ》でした。

中学校《ちゅうがっこう》で，物質《ぶっしつ》は「原子《げんし》」からできていると習《なら》った人《ひと》も多《おお》いのではないでしょうか。しかし実《じつ》は，原子《げんし》はもっと小《ち》さい粒子《りゅうし》に分割《ぶんかつ》できます。「電子《でんし》」「アップクォーク」「ダウンクォーク」という粒子《りゅうし》です。そして現代《げんだい》の科学《かがく》では，これらの粒子《りゅうし》が，素粒子《そりゅうし》だと考《かんが》えられているのです。

本書《ほんしょ》は，2022年《ねん》4月《がつ》に発売《はつばい》された，ニュートン式《しき》 超図解《ちょうずかい》 最強《さいきょう》に面白《おもしろ》い!!『素粒子《そりゅうし》』の新書版《しんしょばん》です。究極《きゅうきょく》に小《ち》さい粒子《りゅうし》である素粒子《そりゅうし》を，“最強《さいきょう》に”面《おも》白《しろ》く紹介《しょうかい》します。ぜひご期待《きたい》ください！

主《おも》な内容《ないよう》

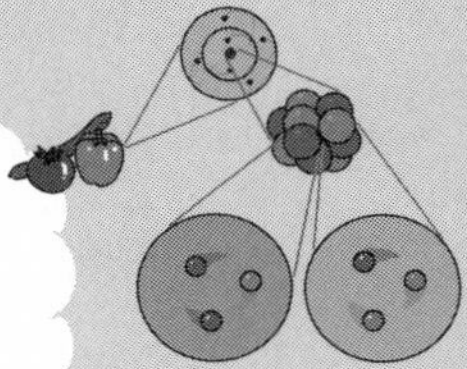

イントロダクション

身《み》のまわりの物質《ぶっしつ》は，原子《げんし》でできている

原子《げんし》よりも，もっと小《ちい》さい粒子《りゅうし》がある！

物質《ぶっしつ》を形《かたち》づくる素粒子《そりゅうし》

原子《げんし》より小《ちい》さい電子《でんし》を発見《はっけん》！　素粒子研究《そりゅうしけんきゅう》のはじまり

地球《ちきゅう》もビルも手《て》のひらも。ニュートリノはすり抜《ぬ》ける

力《ちから》を伝《つた》える素粒子《そりゅうし》

宇宙《うちゅう》には，四《よっ》つの基本的《きほんてき》な力《ちから》があるらしい

え？　電磁気力《でんじきりょく》を伝《つた》えるのは，光《ひかり》の粒子《りゅうし》!?

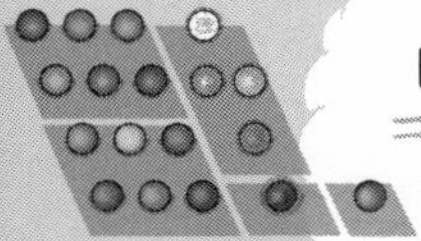

ヒッグス粒子《りゅうし》から超対称性粒子《ちょうたいしょうせいりゅうし》へ

素粒子《そりゅうし》に質量《しつりょう》をあたえる「ヒッグス粒子《りゅうし》」を発見《はっけん》！

素粒子《そりゅうし》のパートナー，「超対称性粒子《ちょうたいしょうせいりゅうし》」があるかも

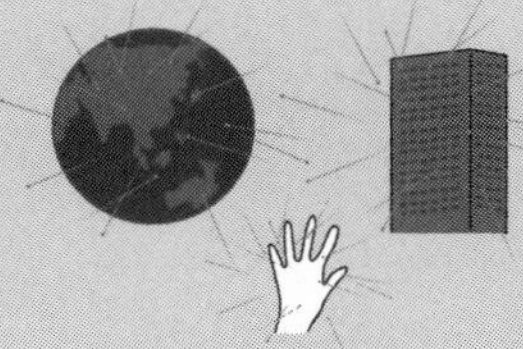

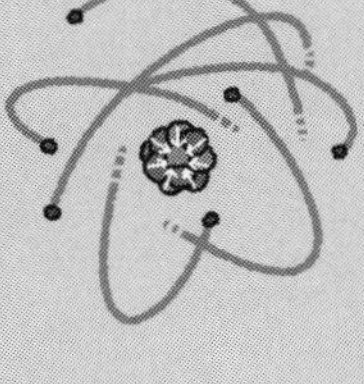

Staff

Editorial Management	中村真哉
Editorial Staff	道地恵介
Cover Design	岩本陽一
Design Format	村岡志津加（Studio Zucca）

Illustration

表紙カバー	佐藤蘭名
表紙	佐藤蘭名
11 ～ 19	佐藤蘭名
21	黒田清桐さんのイラストを元に佐藤蘭名が作成
25 ～ 49	佐藤蘭名
52 ～ 53	富﨑NORIさんのイラストを元に佐藤蘭名が作成
56 ～ 57	佐藤蘭名
61	黒田清桐さんのイラストを元に佐藤蘭名が作成
64 ～111	佐藤蘭名
114～115	小林稔さんのイラストを元に佐藤蘭名が作成
118～177	佐藤蘭名
179	吉原成行さんのイラストを元に佐藤蘭名が作成
183	加藤愛一さんのイラストを元に佐藤蘭名が作成
189～191	佐藤蘭名

監修（敬称略）：

佐藤勝彦（日本学術振興会学術システム研究センター顧問，東京大学名誉教授，明星大学理工学部客員教授）

本書は主に，Newton 別冊『ゼロからわかる 相対性理論』，Newton 別冊『伸び縮みする 時間と空間』，Newton 別冊『光速C』の一部記事を抜粋し，大幅に加筆・再編集したものです。

ニュートン超《ちょう》図《ず》解《かい》新書《しんしょ》
最《さい》強《きょう》に面《おも》白《しろ》い　相《そう》対《たい》性《せい》理《り》論《ろん》

2024年3月5日発行

発行人　高森康雄
編集人　中村真哉
発行所　株式会社 ニュートンプレス　〒112-0012 東京都文京区大塚3-11-6
https://www.newtonpress.co.jp/
電話 03-5940-2451

ISBN978-4-315-52789-6